AF470024

LE PHONOGRAPHE

ET

SES APPLICATIONS

PARIS. — IMPRIMERIE CHARLES BLOT, RUE BLEUE, 7.

BIBLIOTHÈQUE DES ACTUALITÉS INDUSTRIELLES. — Nº 55

LE

PHONOGRAPHE

ET

SES APPLICATIONS

PAR

A.-M. VILLON

Ingénieur.

AVEC 38 FIGURES DANS LE TEXTE.

PARIS

BERNARD TIGNOL, ÉDITEUR

LIBRAIRIE SCIENTIFIQUE INDUSTRIELLE ET AGRICOLE

53bis, quai des Grands-Augustins, 53bis

LE PHONOGRAPHE

ET SES APPLICATIONS

CHAPITRE PREMIER

Historique.

Le *Phonographe* est un instrument qui inscrit la voix et l'articule ensuite, à volonté, avec une parfaite exactitude.

Le mot phonographe est formé de deux mots grecs : *phôné*, voix, et *graphô*, j'écris. Si l'on voulait respecter fidèlement l'étymologie, on devrait dire *Phonégraphe*, procédé qui écrit la voix.

Ce merveilleux instrument a été inventé, en 1877, par Edison, le savant électricien américain, et considérablement perfectionné, de 1887 à 1889, par son inventeur.

Nous allons raconter en détail l'histoire de cette découverte.

Le problème de l'emmagasinement et de la conservation de la parole tourmente les esprits depuis fort longtemps. On trouve, dans le *Courrier véritable*, d'avril 1632, conservé à la Bibliothèque Nationale, le passage suivant :

« Le capitaine Vasterloch est de retour de son voyage des terres australes, qu'il avait entrepris par le commandement des Etats de Hollande, il y a deux ans et demi.

Il nous rapporte, entre autres choses, qu'ayant passé par un détroit au-dessous de celui de Magellan, il a pris terre en ce pays où la nature a fourni aux hommes de certaines éponges qui retiennent le son et la voix articulée, comme les nôtres font des liquides. De sorte que, quand ils se veulent mander quelque chose ou conférer de loin, ils parlent seulement de près à quelqu'une de ces éponges, puis les envoient à leurs amis, qui les ayant reçues, en les pressant tout doucement, en font sortir tout ce qu'il y avait dedans de paroles et savent, par cet admirable moyen, tout ce que leurs amis désirent (1). »

Cyrano de Bergerac, dans son *Histoire comique des États et Empire de la Lune*, dont la première édition remonte à 1650, est encore plus précis.

L'auteur est dans la lune. Le génie qui lui tient lieu de *cicerone*, devant le quitter pendant quelques instants, lui prête deux livres pour lui permettre de patienter. Ces livres ont des couvertures qui leur servent de boîtes :

« À l'ouverture de la boite, dit-il, je trouvai dans un je ne sais quoi de métal presque semblable à nos horloges, plein de je ne sais quels petits ressorts et de machines imperceptibles. C'est un livre à la vérité ; mais c'est un livre miraculeux, qui n'a ni feuillets, ni caractères ; enfin c'est un livre où, pour apprendre, les yeux sont inutiles : on n'a besoin que des oreilles. Quand quelqu'un souhaite donc lire, il bande, avec une grande quantité de toutes sortes de petits nerfs, cette machine ; puis il tourne l'aiguille sur le chapitre qu'il désire écouter, et au même temps il en sort, comme de la bouche d'un homme ou d'un instrument de musique, tous les

---

(1) Petit journal mensuel où l'on s'amusait souvent à enregistrer des nouvelles fantaisistes Le numéro en question forme un petit in-4° de quatre pages et porte cette mention : *Au bureau des postes établi pour les nouvelles hétérogènes.*

sons distincts et différents qui servent entre les grands lunaires à l'expression du langage. »

On sait bien que, depuis Boileau, Cyrano de Bergerac n'a plus été pris au sérieux et qu'il était considéré comme un simple écrivain remarquable par son style empanaché de burlesque, mais si l'on rapproche cette idée du phonographe de celle des ballons et du parachute ; des boules transparentes qui servent à l'éclairage et où l'on avait fixé de la lumière sans chaleur ; de ses vues sur certains petits animaux qui sont devenus nos microbes, dont il est question dans ses livres (1650-1656) (1), on est porté à supposer qu'à côté de la science officielle, pouvant exister au temps de Cyrano (de 1620 (2) à 1655), il y en avait une autre dont plusieurs des données, totalement perdues depuis longtemps, ont été seulement retrouvées de nos jours (3).

Un curieux a trouvé qu'un certain Walchius, qui vivait vers le milieu du 17e siècle, possédait le moyen d'emmagasiner la voix et de la débiter ensuite à volonté, c'est-à-dire tout à fait le phonographe moderne. On lit, en effet, dans la *Magie mathématique* de l'évêque John Wilkins (l'un des fondateurs de la Société Royale de Londres), publiée en 1648, le passage suivant : « Walchius prétend qu'il est possible de conserver entièrement les sons vocaux, c'est-à-dire toute parole articulée de la voix, soit dans une caisse, soit dans un tube, et que ce tube ou cette caisse ouverts ensuite, les mots en sortiraient sûrement, dans l'ordre où ils auraient été

---

(1) D'après une communication de Louis Pauliat à l'*Intermédiaire des Chercheurs et des Curieux* (1890).

(2) Cyrano de Bergerac, *Œuvres*, édit. de 1709, t. II, p. 4 à 109.

(3) Dans un endroit de ses ouvrages, Cyrano explique que Mars a quatre satellites, ce qui n'est constaté scientifiquement que depuis une quinzaine d'années.

prononcés ; — en quelque manière, comme on dit que,
dans certaines contrées glaciales, les paroles proférées
par les gens gèlent en sortant de leur bouche, et ne
peuvent être entendues avant l'été prochain, sauf l'éventualité d'un grand dégel — mais cette conjecture peut
se passer de réfutation. »

En 1810, le duc de Lévis, connu comme un aimable
moraliste, frappé des progrès de la science et de l'industrie et prévoyant que ces progrès iraient toujours en
croissant, se porta, par la pensée, à un siècle en avant, et,
supposant ce que serait alors la France, sous le rapport
scientifique, industriel et artistique, il publia la *Correspondance de deux mandarins chinois écrite en* 1910.

Dans ce spirituel opuscule, l'auteur raconte qu'un
mécanicien allemand (de Nuremberg, sans doute) est
arrivé à Paris — en 1910 — pour y faire connaître un instrument de sa création, avec lequel il imite la voix humaine dans toutes ses intonations.

« L'inventeur est parvenu, dit l'auteur, à perfectionner son appareil, au point que, de même qu'on fait exécuter les portraits d'une personne chérie, on peut obtenir l'imitation parfaite de sa voix, parlée ou chantée,
espèce de ressemblance qui, ajoutée à celle des traits,
doit consoler de l'absence bien plus qu'on n'avait pu le
faire jusqu'alors. »

Quittons maintenant ces rêveurs de l'avenir, et examinons la suite des expériences et des tentatives qui ont
amené la découverte du phonographe actuel.

Les premiers essais d'enregistrement de la parole
sont dus à M. Léon Scott, simple ouvrier typographe
français, qui consacra dix années de sa vie pour rechercher l'attrayant problème de la parole s'inscrivant d'elle-même. En 1852, corrigeant, un jour, dans l'imprimerie
Martinet, les bons à tirer de la première édition du

Traité de physiologie du professeur Longet, il lui vint à l'idée d'appliquer les moyens acoustiques que la nature a réalisés dans l'oreille humaine, à la fixation graphique des sons de la voix, du chant et des instruments. Partant des expériences du physicien anglais Young, qui était parvenu à faire tracer sur un cylindre métallique des vibrations d'une tige de métal, et des expériences de Duhamel et de Wertheim, qui avaient inscrit, par le même moyen, les vibrations des cordes et de diapasons, Léon Scott avait imaginé, en 1857, son ingénieux appareil le *phonautographe*, au moyen duquel il enregistrait les vibrations sonores.

Il prit un brevet, le 25 mars 1857, et conclut un traité, le 30 avril 1859, avec Rudolph Kœnig, pour l'exploitation du nouvel instrument. Il prit un certificat d'addition, en date du 29 juillet 1859, dans lequel il donne les moyens qu'il a brevetés, qui sont : 1° le cylindre et son mouvement ; 2° le chronomètre et son support ; 3° le diapason pointeur et son support ; 4° la membrane et son appareil de tension ; 5° le style souple ; 6° la cuve et son support ; 7° la lampe fumeuse et le noir spécial ; 8° la fixation des épreuves.

Le phonautographe de Léon Scott se composait d'un grand cornet acoustique, de forme paraboloïde, au bout duquel était tendue une membrane, munie d'un style, qui inscrivait les vibrations de la voix sur un cylindre de verre enfumé tournant avec une vitesse régulière et uniforme.

La figure 1 représente l'instrument de M. Scott.

Voici le texte de la communication faite par Léon Scott à la *Société d'Encouragement pour l'industrie nationale*, le 28 octobre 1857 :

« Messieurs, je viens vous annoncer une bonne nouvelle. Le son, aussi bien que la lumière, fournit à distance une image durable ; la voix humaine s'écrit elle-même (dans la langue propre à l'acoustique, bien entendu) sur une couche sensible ; à la suite de longs efforts, je suis parvenu à recueillir le tracé de presque tous les mouvements de l'air, qui constituent, soit des

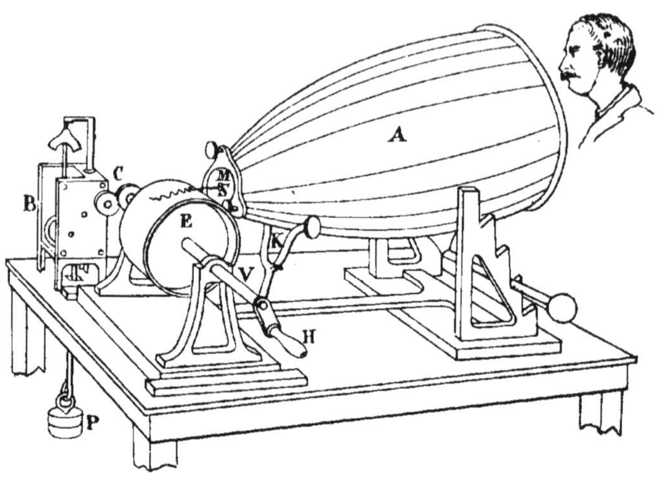

Fig. 1. — Phonautographe de Scott.

A. — Cornet parabolique.
B — Mouvement d'horlogerie actionné par le contrepoids P.
C. — Engrenage servant à donner le mouvement au cylindre E.
E. — Cylindre recouvert de noir de fumée, sur la surface duquel s'inscrivent les vibrations.
M. — Membrane tendue sur le fond du cornet acoustique A.
S. — Style inscripteur, composé d'une soie de sanglier, formant ressort, et d'une barbe de plume appuyant sur le cylindre E.
V. — Tige filetée donnant un mouvement de translation au cylindre E.
H. — Manivelle.
K. — Supports.

sons, soit des bruits. Enfin, les mêmes moyens me permettent d'obtenir, dans certaines conditions, une représentation fidèle des mouvements rapides, des mouvements inappréciables à nos sens par leur petitesse, des mouvements moléculaires.

» Il s'agit, comme vous le voyez, dans cet art nouveau, de forcer la nature à constituer elle-même une langue générale écrite de tous les sons.

» Lorsque la pensée me vint, il y a quatre ans, de fixer sur une couche sensible la trace du mouvement de l'air, pendant le chant ou la parole, les personnes auxquelles je confiai mon projet ne manquèrent pas, pour la plupart, de le traiter de rêve insensé. Le mot, messieurs, ne me parut pas tirer à conséquence : il est la bienvenue ordinaire des plus belles conquêtes de l'intelligence humaine, et mes faibles efforts avaient cela de commun avec beaucoup de grandes choses qui ont commencé par être des utopies à leur berceau.

» Je dois convenir, toutefois, que ce jugement sommaire n'était pas sans apparence de raison. Qu'est-ce que la voix, en effet? Un mouvement périodique de l'air qui nous entoure, provoqué par le jeu de nos organes ; mais un mouvement très complexe et infiniment délicat, subtil et rapide. Comment parvenir à recueillir une trace nette, précise, complète d'un pareil mouvement incapable de faire frémir même un cil de nos paupières? Ah ! si je pouvais poser sur cet air qui m'environne, et qui recèle tous les éléments d'un son, une plume, un style, cette plume, ce style formerait une trace sur une couche fluide appropriée. Mais où trouver un point d'appui ?... Fixer une plume à ce fluide fugitif, impalpable, invisible, c'est une chimère, c'est impossible !... Attendez. Ce problème insoluble, il est résolu d'une part. Considérons attentivement cette merveille entre toutes les merveilles : l'oreille humaine. Je dis que notre problème est résolu dans le phénomène de l'audition, et que les artifices employés dans la structure de l'oreille doivent nous conduire au but... Ce point trouvé, les choses vont devenir d'une simplicité rare. Que voyons-nous tout d'abord dans l'oreille ? Un conduit. Ce conduit amène, sans altération, sans déperdition, l'onde sonore, si complexe qu'elle soit, d'une des extrémités à l'autre, en la préservant de toutes les causes accidentelles qui pourraient la troubler. Je m'empare du conduit et je le façonne en une sorte d'entonnoir pour colliger les sons vers sa petite extrémité. Poursuivons l'examen de l'oreille. A la suite du conduit auditif externe, je rencontre une membrane mince, tendue, inclinée. Qu'est-ce qu'une membrane mince et demi-tendue, messieurs, dans cette architecture physique qui nous occupe ? C'est, suivant la juste définition de Müller, quelque chose de mixte, moitié solide, moitié fluide. Elle participe de l'un par la cohérence, de l'autre par l'extrême facilité de déplacement de toutes ses molécules.

» Nous tenons maintenant, messieurs, dans tout son éclat, le fil lumineux qui doit nous conduire : ce point d'appui de notre plume, de notre style, sur le fluide en mouvement, que je demandais tout à l'heure, il est trouvé, le voici : c'est une membrane mince que nous plaçons à l'extrémité de notre conduit auditif artificiel... Et le style, appliqué sur la membrane, marquera ses traces sur une couche de noir de fumée déposé sur un corps quelconque (métal, bois, papier), animé d'un mouvement uniforme afin que les traces formées ne rentrent pas les unes dans les autres (1). »

M. Lissajous fit, le 6 janvier 1858, un rapport favorable, à cette Société, sur les *Essais phonautographiques* de M. Scott.

---

(1) En se basant sur les travaux de Scott, l'abbé Rousselat, professeur à l'Ecole des Carmes, a entrepris une série d'essais sur l'inscription de la parole, qui ont fait l'objet d'une thèse originale : *Modifications phonétiques du langage, étudiées dans le patois d'une famille de Cellefroin (Charente).*

En 1878, à la suite de l'apparition du phonographe d'Edison, M. Léon Scott publia une brochure pour revendiquer la priorité de la découverte de la méthode graphique d'enregistrement des ondes sonores. Le titre de cette brochure est textuellement : *Le problème de la parole s'inscrivant elle-même, par Léon Scott, de Martinville, typographe* (1).

Le phonautographe a été perfectionné par M. Geo. Hopkins ; il a été repris plus tard par M. Berliner.

Le 30 avril, Charles Cros déposait, sur le bureau de l'Académie des Sciences de Paris, un pli cacheté contenant la description d'un système par lequel le tracé du phonautographe pouvait être amené à reproduire les vibrations sonores originales. Mais, M. Cros ne s'est jamais occupé de réaliser son projet, ses ressources pécuniaires ne le lui permettant pas.

Nous croyons utile de donner ici le contenu de ce pli cacheté, qui fut ouvert le 3 décembre 1877 :

« En général, mon procédé consiste à obtenir le tracé de va-et-vient d'une membrane vibrante et à se servir de ce tracé pour reproduire le même va-et-vient, avec ses relations intrinsèques de durées ou d'intensités sur la même membrane ou sur une autre appropriée à rendre les sons et bruits qui résultent de cette série de mouvements.

» Il s'agit donc de transformer un tracé extrêmement délicat, tel que celui qu'on obtient avec des index légers frôlant des surfaces noircies à la flamme, de transformer, dis-je, ces tracés en reliefs ou creux, résistants, capables de conduire un mobile qui transmettra ses mouvements à la membrane.

» Un index léger est solidaire du centre de figure d'une

______

(1) Léon Scott est mort dans la misère, le 26 avril 1879.

membrane vibrante ; il se termine par une pointe (fil métallique, barbe de plume, etc.) qui repose sur une surface noircie à la flamme. Cette surface fait corps avec un disque, muni d'un double mouvement de rotation et de progression rectiligne. Si la membrane est au repos, la pointe tracera une spirale simple ; si la membrane vibre, la spirale tracée sera ondulée, et ses ondulations présenteront exactement tous les va-et-vient de la membrane, en leur temps et leurs intensités.

» On traduit, au moyen de procédés photographiques actuellement bien connus, cette spirale ondulée et tracée en transparence, par une ligne de semblables dimensions, tracée en creux ou en relief dans une matière résistante (acier trempé, par exemple).

» Cela fait, on met cette surface résistante dans un appareil moteur qui la fait tourner et progresser d'une vitesse et d'un mouvement pareils à ceux dont avait été animée la surface d'enregistrement. Une pointe métallique, si le tracé est en creux, ou un doigt à encoche, s'il est en relief, est tenue par un ressort sur ce tracé, et, d'autre part, l'index qui supporte cette pointe est solidaire du centre de la figure de la membrane propre à produire les sons. Dans ces conditions, cette membrane sera animée, non plus par l'air vibrant, mais par le tracé commandant l'index à pointe, d'impulsions exactement pareilles en durées et en intensités à celles que la membrane d'enregistrement avait subies.

» Le tracé spécial représente des temps successifs égaux par des longueurs croissantes ou décroissantes. Cela n'a pas d'inconvénients, si l'on n'utilise que la portion périphérique du cercle tournant, les tours de spires étant très rapprochés ; mais alors, on perd la surface centrale.

» Dans tous les cas, le tracé de l'hélice sur un cylindre

est préférable, et je m'occupe actuellement d'en trouver la réalisation pratique. »

M. Cros désignait son invention sous le nom de *Paléophone* (voix du passé). L'abbé Leblan la baptisa du nom de *phonographe*. Mais M. Cros ne trouva jamais de constructeurs voulant se charger de la mise en pratique de son ingénieuse idée, ni les avances nécessaires lui permettant de la réaliser. Il est mort à Paris, le 9 août 1888, à l'âge de 46 ans, sans qu'il eût pu voir, huit mois après, la réalisation définitive de son projet et son immense succès.

Le 31 juillet 1877, M. Edison prit un brevet pour la répétition des signaux du télégraphe de Morse. Il enregistrait les signaux du télégraphe avec des dentelures, effectuées par un style traceur, sur une feuille de papier enroulée sur un cylindre creux, portant une rainure en spirale. Les dentelures, en repassant sous le style, transmettaient à nouveau la même dépêche.

C'est de cette invention qu'il dériva son phonographe primitif. On nous permettra de reproduire ici un article de *The Daily Graphic*, de New-York, publié à l'époque de cette découverte.

« Nous nous transportâmes à Menlo-Park, dans le New-Jersey ; nous étions deux pour voir Edison et ses merveilleuses inventions.

» — Vous avez fait de nombreuses et belles inventions ? demandions-nous à M. Edison.

» — Oui, dit-il avec l'accent nasillard de l'Ouest. J'ai imaginé quelques machines, mais voici mon enfant, s'écria-t-il, en touchant de la main le phonographe parlant, et s'asseyant devant l'appareil.

» Et de son pied, il toucha un levier, déplaça une courroie en l'amenant sur le cylindre du phonographe qui reçoit, à travers le plancher, le mouvement d'une

machine à vapeur. Le cylindre a trois pouces de diamètre et fait environ quarante à cinquante tours à la
minute. Il est recouvert d'une couche fraîche d'étain
parfaitement unie.

» Dans une simple embouchure placée sur le côté,
M. Edison parla d'une voix sonore à un gentleman espa-
gnol qu'on venait de lui présenter, il dit ces mots dans
l'embouchure : — *Buenos dias, senor, como esta usted ?*
Ce gentleman prenant à son tour sa place au phonographe, répondit aussitôt : — *Setze judges mentjau festa
d'un penjat.* — Cet échange de compliments avait duré
environ une minute.

» De son pied encore une fois, Edison touche le levier ;
le cylindre est arrêté, l'embouchure est retirée du
contact. Nous examinons la feuille d'étain. La moitié de
cette feuille, auparavant si lisse, est maintenant ridée de
lignes serrées les unes contre les autres ; il y a quinze
lignes sur la surface d'un pouce ; beaucoup de ces plis
sont marqués de dentelures si petites qu'à peine sont-
elles perceptibles.

» Edison touche de nouveau le levier et renverse la
rotation jusqu'à ce que le cylindre, suivant le filet de vis,
soit revenu au point de départ. Alors il installe l'embouchure et fait tourner le cylindre. Le petit style abaissé
parcourt derechef la spirale des dentelures. Et voilà
que la machine elle-même parle ! L'embouchure dit elle-
même la salutation espagnole : *Buenos dias, senor,* etc.;
la sonorité de la voix est réduite cette fois des trois
quarts de son émission primitive, mais la voix est parfaite dans son articulation et dans son inflexion ; le
timbre même de chaque personne est parfaitement
distinct.

» La feuille n'est nullement gâtée pour cet usage ;
elle peut être conservée pour être expédiée à une desti-

nation quelconque, et, placée sur le cylindre phonographique, elle reproduira exactement la voix dont elle
porte l'enregistrement.

» La machine peut siffler aussi bien que parler; Edison
siffle dans l'embouchure un air d'opéra qui lui est répété,
sans grande diminution apparente de sonorité, avec le
timbre d'une cloche.

» — Ces jours-ci, dit Edison, un chien est venu aboyer
dans l'embouchure : l'aboiement fut admirablement reproduit. Nous avons gardé ici la feuille de cet enregistrement et nous allons faire aboyer la machine. Ce chien
pourra cesser de vivre, ajoute l'inventeur, mais nous
avons ses aboiements ; tout ce qui est vocal survit.

» Je pose à M. Edison cette question : — Si un ami
venait parler dans cette embouchure, en votre absence,
reconnaîtriez-vous sa voix répétée par la feuille d'é-
tain ?

» — J'ai essayé cette expérience et quelquefois j'ai
reconnu la voix ; mais, le phonographe est encore dans
l'enfance, il a besoin d'être perfectionné pour devenir ce
qu'il doit être. L'étain n'est pas précisément ce qu'il
faut : le métal se ride trop facilement, l'aiguille gratte
trop fort. Mon associé Johnson m'a proposé une pointe
en saphir pour remplacer cette aiguille ; je vais essayer
ce saphir devant vous, vous verrez que le plus doux
chuchotement peut être reproduit avec exactitude ; le
timbre de la voix est bien conservé. Vous pouvez à
l'instant reconnaître la voix.

» Je m'occupe encore de deux autres points importants, c'est-à-dire de remplacer la membrane en fer
par une autre, et d'adapter à cette embouchure une
sorte de chambre vocale, de la dimension, à peu près, de
la bouche humaine, garnie de dents et même peut-être
d'une langue. Cela donnera la résonance qui manque

2

à la machine. Je vais aussi supprimer absolument le cylindre et lui substituer une plaque métallique circulaire et plate, à peu près aussi grosse qu'une assiette plate. Cette plaque sera fraisée et aura une petite gorge qui partira du centre pour se prolonger en spirale jusqu'à la circonférence. Je pourrai rendre cette gorge assez fine pour que la plaque puisse contenir 50000 mots, c'est-à-dire l'étendue d'un roman, d'une nouvelle de Charles Dickens. Ce qui maintenant m'embarrasse, c'est de savoir si je dois faire cette gorge assez fine pour faire contenir à la plaque 50000 mots ou bien assez large pour n'en contenir que 200.

» Edison nous conduisit ensuite à l'atelier des machines, et nous fit voir le nouveau phonographe, avec la plaque plate au lieu du cylindre. L'appareil est actionné par un mouvement d'horlogerie, de façon que la vitesse soit plus ou moins grande et la parole uniforme.

» Prenant une feuille d'étain qui avait été appliquée au phonographe, Edison la froissa jusqu'à ce qu'elle ne fût pas plus grande qu'une noix. Puis, il la déplia aussi bien qu'il put, la replaça, et la feuille chanta le refrain d'une chanson connue : — *Tramp, tramp, tramp, les enfants marchent !* — Le bruit des rides étouffa un peu et voila le chant, mais chaque mot était distinctement prononcé, en dépit de ce bruit. Edison parla dans le phonographe et fit voir qu'il pouvait augmenter indéfiniment la vitesse de sa parole, en même temps que la hauteur du ton s'élevait de la basse au soprano. — En tournant cette roue avec une vitesse suffisante, dit-il, je puis transformer une voix de basse en un sifflement. — En diminuant la vitesse, il nous faisait entendre une voix de basse traînante ; ralentissant plus encore, il fit cesser absolument le son. Il faut, pour produire un son, de seize à dix-huit vibrations à la seconde.

» — J'aurai à l'Exposition de Paris, dit Edison, huit téléphones, sans parler de mon phonographe et de mon aérophone. »

M. Puskas, concessionnaire des brevets Edison pour l'Europe, présenta le phonographe, le 11 mars, à l'Académie des Sciences, et le 15 mars 1878 à la Société Française de physique. Nous représentons, dans la figure 2,

Fig. 2. — Phonographe d'Edison (premier modèle).

le phonographe à feuille d'étain tel qu'on le voyait à Paris, pendant l'année 1878; il était enfermé dans une boîte de 1 mètre de long sur 20 centimètres de largeur.

Il se composait d'une membrane vibrante, semblable à celle employée dans les téléphones, et maintenue par sa circonférence dans une bague B. Cette membrane portait, fixé perpendiculairement à sa surface extérieure, un style métallique très rigide. C'est devant cette membrane qu'on parlait, et les vibrations de la voix s'inscrivaient, par l'intermédiaire du style, sur le cylindre A,

mû par la manivelle D et le volant G. L'axe E du cylindre
était supporté par deux paliers a, a, dont l'un, celui de
gauche, fonctionnait comme un écrou, vis-à-vis de l'arbre
E, qui était finement fileté. Cette disposition assurait un
mouvement de rotation et de translation au cylindre **A.**
La surface de ce dernier présentait, elle-même, un pas
de vis de même hauteur que celui de l'axe ; de sorte que
la pointe du style, pendant la rotation du cylindre, se
trouvait continuellement guidée par la rainure pratiquée
à sa surface. Enfin, la surface du cylindre était envelop-

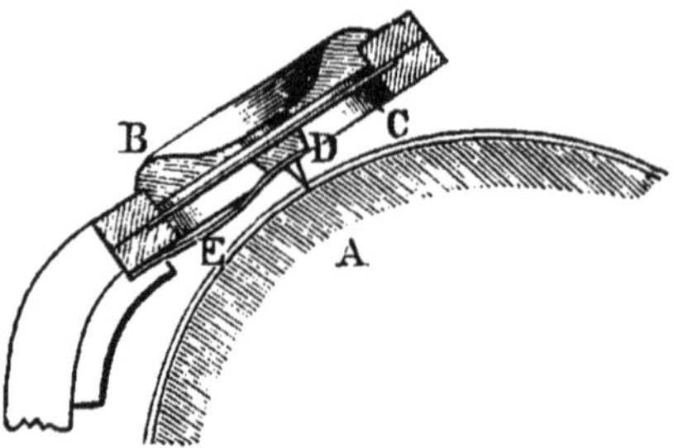

Fig. 3. — Coupe du premier phonographe d Edison.

A. — Cylindre recouvert de la feuille d'étain.
B. — Parleur, composé d'une bague métallique, portant une membrane
     tendue.
E — Ressort rigide portant le style D.
D. — Style métallique, court et rigide.

pée d'une feuille d'étain, collée avec de la colle ordinaire
et suivant une des génératrices.

Le cylindre étant garni, on amenait le parleur A dans
la position convenable, c'est-à-dire de façon que le style
reposât légèrement sur le fond du canal héliçoïdal présenté par le papier.

On parlait en tournant le cylindre et immédiatement
l'inscription avait lieu.

Pour faire répéter au phonographe les paroles qu'on
lui avait confiées, on écartait la membrane, on tournait

le cylindre en sens inverse pour le ramener à son point de départ, on rapprochait de nouveau la membrane, munie de son style, et on tournait le cylindre comme la première fois. Le style suivait les mêmes ondulations qu'il avait tracées la première fois, et il communiquait, à la membrane, les mêmes vibrations qu'elle avait reçues, de sorte que celle-ci répétait, en les affaiblissant, les mots et les phrases que l'on avait prononcés. On amplifiait les sons émis par l'appareil, en plaçant une sorte de cornet acoustique contre l'anneau A.

Le phonographe avait été accueilli, en France, avec une sorte d'incrédulité, surtout parmi nos corps savants. Dans la séance du 11 mars, à l'Académie des Sciences, celui qui le présentait prononça à très haute voix : « *M. Edison a l'honneur de saluer Messieurs les membres de l'Académie;* » il tourna la manivelle et l'appareil répéta avec netteté, mais avec une voix de ventriloque : « *M. Edison a l'honneur de saluer Messieurs les membres de l'Académie.* » Il dit ensuite : « *Monsieur le phonographe, parlez-vous français ?* » après la même manœuvre, et l'instrument répéta la même phrase.

Nos bons académiciens croyaient à une mystification. M. du Moncel remplaça l'opérateur et dit devant la membrane : « *L'Académie remercie M. Edison de son intéressante communication.* » Il tourna la manivelle, mais aucune voix ne sortit du phonographe ! Cela provenait simplement de ce que M. du Moncel, peu familiarisé avec l'instrument, n'avait pas parlé assez près de la membrane.

Lorsque M. du Moncel présenta à l'Académie des Sciences, le 30 septembre 1878, son petit ouvrage : *Téléphone microphone et phonographe,* M. Bouillaud prit ce prétexte pour déclarer sa parfaite incrédulité.

Mais, les académiciens ne sont pas prophètes ; ils

sont plutôt météorologistes, car ils se trompent souvent.

Malgré cela, le phonographe eut un grand succès mondain, pendant l'hiver 1878. On s'en amusa beaucoup, on lui faisait répéter à satiété : « *Allez-vous au Trocadéro ?* » — « *Comment vous portez-vous. Monsieur ou Madame ?* »

Nous avons vu et entendu le phonographe d'Edison, à la Salle de conférences du boulevard des Capucines. L'appareil parlait fort, mais mal. De plus, si l'on voulait une répétition passable, il fallait prononcer fort et près de l'embouchure.

Le principe de l'enregistrement de la parole et de son émission à volonté était trouvé ; il fallait perfectionner l'instrument pour le rendre mathématiquement précis. C'est ce qu'a entrepris M. Edison et il est arrivé au merveilleux appareil, qui sera certainement la plus grande découverte du 19e siècle.

Le premier phonographe amusa beaucoup la galerie à l'Exposition universelle d'électricité, au Palais de l'Industrie, à Paris, en 1881. Mais, n'ayant subi aucune amélioration, il présentait les mêmes imperfections : voix de ventriloque, suppression d'une grande partie des G et s'affectant sur les R.

M. Edison le délaissa pour s'occuper d'autres travaux et principalement d'éclairage électrique. A ce sujet, nous citerons un article paru dans le *New-York World* du 6 novembre 1887 et reproduit par l'*Electrical World* du 12 novembre 1887 :

« L'appareil, dit M. Edison, pèse environ 100 livres ; il coûte fort cher et, à moins d'avoir une compétence toute spéciale, personne ne peut en tirer le moindre parti. Le tracé de la pointe d'acier sur la feuille de plomb ne peut servir qu'un petit nombre de fois. Moi-même, je doute que je puisse jamais voir parfait un phonographe capable d'emmagasiner la voix ordinaire et de la reproduire d'une manière claire et intelligible. Mais je suis certain que, si nous n'y parvenons pas, la génération suivante le fera. J'ai donc laissé le phonographe pour m'occuper de la lumière électrique, sûr que j'avais semé une graine qui doit produire un jour. »

C'est à ce point que le professeur Tainter et son collaborateur, le Dr Chichester Bell, ont repris le travail. Tant que leurs essais se bornèrent au procédé de l'*indentation* (mot anglais qui signifie enregistrer les sons au moyen d'un stylet courant sur une feuille métallique), ils n'obtinrent que peu de résultats. Le Dr Bell abandonna bientôt ses recherches ; mais le professeur Tainter continua avec zèle, et, comme résultat de son infatigable labeur, il trouva que le seul procédé pratique pour emmagasiner les sons est la gravure sur de la cire, ou sur un cylindre de carton recouvert de cire. A ce sujet, il est juste de rappeler que M. Lambrigat a employé la cire, dès 1877, pour fabriquer les originaux de ses lames parlantes.

Grâce à ce procédé, M. Tainter est parvenu à construire un *graphophone* (dont nous donnerons la description plus loin), qui donne des résultats satisfaisants sous tous les rapports. M. Edison a confirmé la justesse des découvertes du professeur Tainter et les a adoptées pour ce qu'il appelle son *phonographe perfectionné* (1).

Au printemps de 1887, il avait construit le graphophone complet, tel qu'il figurait à l'Exposition universelle de 1889. Son brevet est exploité par la *Tainter Graphophone Company*. Le brevet du phonographe perfectionné a été acheté par la Compagnie *North American*, qui

____

(1) Traduction d'une notice de M. Percival L. Waters. — Note lue par M. Georges Ostheimer, à l'Académie des Sciences, le 3 juin 1889.

s'est assuré, au moyen d'une redevance de 10 dollars (50 francs) par chaque appareil vendu, l'introduction du cylindre de cire dans le phonographe.

Le phonographe perfectionné (modèle 1888) a été présenté, le 12 mai 1888, par M. Gilliland, à l'*Electrical Club* de New-York.

Le phonographe perfectionné a été présenté, pour la première fois, en Europe, en septembre 1888, au Congrès de l'Association britannique tenu à Bath, par M. le colonel Gouraud, ami d'Edison. A cette occasion, M. Janssen a envoyé à Edison le phonogramme suivant :

« *Le problème de reproduire artificiellement la voix humaine est un des plus étonnants que l'homme ait pu se proposer. Le génie de M. Edison nous en donne la solution et son nom sera béni de tous ceux qui pourront entendre encore la voix aimée de ceux qu'ils ont perdus. C'est la première voix française qui, sous cette forme si nouvelle, traverse l'Atlantique.* »

M. Edison expédia à Londres, à M. Gouraud, une *lettre parlante*, c'est-à-dire un phonogramme, dans laquelle il exprimait le désir d'entendre la voix de son représentant au lieu de se fatiguer à lire sa mauvaise écriture.

En France, le phonographe a été présenté à l'Académie des Sciences, dans sa séance du 23 avril, par M. Janssen. M. Descloizeaux était le seul membre du bureau présent. Le secrétariat était tenu par M. Becquerel.

Sur les murs de la salle des séances, dit la *Lumière électrique*, on avait disposé un grand nombre de dessins. Ceux qui étaient du côté du bureau représentaient les diverses parties de l'appareil. Ceux qui occupaient la muraille opposée, au-dessus des bancs du public, représentaient diverses applications pratiques : un négociant phonographiant sa correspondance, un journaliste écrivant un récit phonographique, une *interview* d'un correspondant et d'un personnage politique ayant lieu par l'intermédiaire du phonographe , témoin incorruptible, etc., etc.

M. le colonel Gouraud prit la parole après M. Janssen, et phonographia les phrases suivantes :

« *Mon premier devoir, Monsieur le Président, est de vous remercier de l'honneur que vous me faites de présenter, pour la première fois, en France, devant l'Académie des Sciences, la dernière production du génie de mon ami et compatriote Edison ; du bienveillant accueil que vous lui faites ; — et vous aussi, messieurs, d: l'honneur que vous m'avez fait par votre présence.* »

Le phonographe, muni d'un cornet acoustique, a répété cette improvisation d'une voix légèrement nasillarde qui a rempli toute la salle. Pendant une demi-heure, ont eu lieu les auditions privées au moyen de tubes en caoutchouc et d'ampoules de verre perforées que l'on place dans chaque oreille. Toutes les personnes présentes, académiciens, membres de la presse, et simples auditeurs ont pu se convaincre de la perfection de la reproduction. Et la merveille à laquelle M. Bouillaud n'a voulu croire qu'à titre de prestige et de mystification paraissait plus merveilleuse encore.

M. le colonel Gouraud a repris la parole en ces termes :

« Je suis en relation avec Edison depuis vingt ans : j'ai apprécié cet homme surprenant avant qu'il fût connu du public, et cette circonstance me vaut aujourd'hui l'honneur de présenter son invention. Mon père avait eu le bonheur de recevoir, d'encourager et de propager les premiers essais de Daguerre; j'ai le plaisir de faire l'apologie de la *photographie de la voix.*

» Le jeu des ondes sonores vous est connu : nous recevons jusqu'à 20 000 vibrations par seconde, et nous reproduisons toutes les variétés de timbres, les cris des animaux, les langues de tous les pays, en un mot, tous les sons susceptibles d'impressionner l'oreille. Tout est enregistré avec une telle précision que Gounod, après avoir chanté et entendu ensuite son *Ave Maria*, s'est écrié : « *Quelle fidélité! Combien je suis heureux de n'avoir pas fait de fautes!* » Après une première audition, tous les discours, tous les chants, les orchestres les plus complets sont reproduits en un nombre de fois presque illimité.

» Le premier appareil, présenté par le comte du Moncel, était dans l'enfance, et c'est l'inventeur lui-même qui, sollicité par d'autres recherches, telles que sa lampe à incandescence, a dû le porter à sa perfection !

» Chez moi, en Angleterre, j'entendais la voix d'Edison avec toutes ses inflexions ; sa première *lettre parlante* me faisait percevoir sa voix, les bruits de son laboratoire, le marteau battant l'enclume, les hourrahs poussés par les ouvriers en l'honneur de ce premier voyage de la voix humaine à travers les Océans. J'adressai à mon ami mes félicitations, et ma voix est la première qui ait été transmise d'Europe en Amérique ; les savants et les personnages anglais, saisis d'enthousiasme, remercièrent aussitôt après l'inventeur de ce nouveau bienfait.

» Je dicte mes lettres, le phonographe s'en empare, et pour les reproduire, à immense distance, il suffît qu'un employé sache épeler et écrire.

» M. Janssen est le premier qui ait fait entendre au nouvel appareil la langue française.

» Depuis mon arrivée à Paris, j'expédie et je reçois, tous les matins, des *lettres parlantes ;* je les perçois à une distance de trois mètres de l'appareil, sans en rien perdre. »

Le colonel Gouraud a fait entendre devant l'Académie tout un répertoire : la *Marseillaise* jouée par la musique des *Horse-Guards ;* le *God save the Queen ;* l'air national des Etats-Unis, *Hail Columbia*, joué par la musique militaire des gardes de la reine ; la *Marche du Régiment ;* un duo de cornet à piston et de piano, musique de Gounod ; une romance de l'*Ave Maria*, chantée par Gounod lui-même dans le salon de M. Berger ; la *Marseillaise* exécutée sur un cornet à piston ; *Partant pour la Syrie*, sonneries de cors de chasse particulièrement originales. Il continue ensuite par des romances américaines, la chanson populaire *Yankee Doodle*, le *Beau Dunois* de la reine Hortense ; des orchestrations complètes et compliquées, exactement, mathématiquement reproduites.

M. Gouraud *siffle* un air américain et le phonographe, en vraie sosie, fait comme M. Gouraud : cette expérience est même assez piquante. Puis on a parlé, ri devant le pavillon, et fidèlement le phonographe a reproduit tout ce qu'il avait entendu : une phrase arabe de M. d'Abbadie, le tahitien de l'amiral Jurien de la Gravière, le latin, le français, l'italien que ceux-ci ou ceux-là lui ont confié, car le phonographe est un polyglotte incomparable. Mais, s'il est savant, il est aussi impitoyable. Si la phrase est incorrecte, hésitante ou bredouillante, il la rend telle quelle, à la grande joie des malicieux.

M. le président Descloizeaux s'exprime ainsi devant l'appareil :

« *Le président de l'Académie des Sciences remercie beaucoup le colonel Gouraud de son intéressante communication, et se joint à tous pour qu'il remercie M. Edison, que la France espère voir bientôt chez elle à son Exposition. — Le président,* DESCLOIZEAUX. »

En terminant, sur l'invitation du colonel Gouraud, le phonographe pousse en six langues différentes ce cri :

« *Vivent la République française et Edison !* »

Cette séance restera mémorable dans les annales de l'Académie.

Le soir, M. Gouraud a fait entendre le phonographe à l'Elysée, devant M. Carnot, Président de la République, sa maison militaire et M. Georges Berger.

Il y eut une autre séance à l'Académie, le 27 avril, et une autre chez M. Janssen, le 25 avril.

A l'Académie des Beaux-Arts, MM. Janssen, le duc d'Aumale, Descloizeaux, M. Gounod ont expérimenté successivement le phonographe. M. Janssen confie au phonographe cette phrase : « *Démosthène, Cicéron, Bossuet, pourquoi êtes-vous morts ? Nous pourrions aujourd'hui entendre vos admirables harangues de la bouche même qui les a prononcées.* »

M. le duc d'Aumale confie au phonographe une phrase de l'*Histoire des princes de Condé :* «*Cavaliers de Gassion, sabre haut, pistolet au poing, se ruèrent sur l'ennemi...*»

M. Gounod a chanté dans le pavillon du porte-voix : « *Il pleut, il pleut, bergère...* » et signé son chant : CHARLES GOUNOD, *membre de l'Académie des Beaux-Arts, de l'Institut de France.* »

Le phonographe a reproduit admirablement tous ces discours, à la grande joie de l'assistance.

En Allemagne, le phonographe a été présenté à M. de Bismarck par M. Wargemann, représentant de M. Edison en Allemagne. L'ex-chancelier, après avoir fredonné trois chansons, a écouté la reproduction de différents morceaux de chant, entre autres de *Marie-Madeleine,* de Massenet, chantée par Miss Silvania à

Philadelphie, et du *Tour de valse* du chanteur Paulus,
a dicté à l'appareil une dépêche pour son fils Her-
bert : « *Sois sobre dans le travail, sobre dans le
manger, et même un peu dans le boire : c'est le conseil
d'un père à son fils.* »

Enfin, tout le monde a pu apprécier les mérites du
phonographe à l'Exposition universelle de 1889, où des
auditions avaient lieu dans la Section américaine et dans
le Palais des Machines.

CHAPITRE II

Description du phonographe de M. Edison.

Nous allons donner la description du phonographe, d'après le brevet anglais du 14 décembre 1887, en tenant compte des modifications qui y ont été apportées depuis.

La figure 4 représente le phonographe perfectionné,

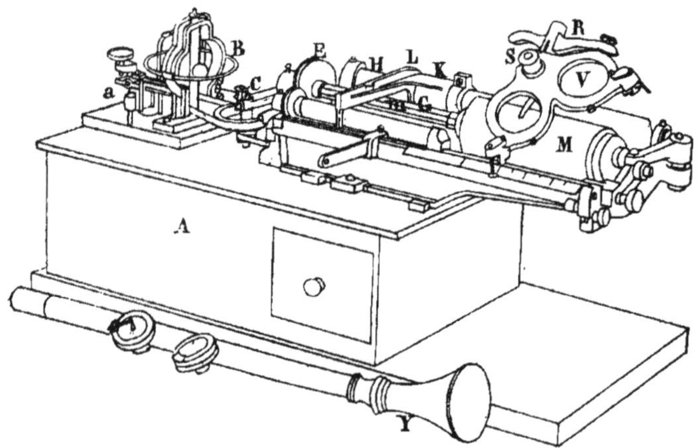

Fig. 4. — Phonographe d'Edison (nouveau modèle).

d'après une photographie faite au laboratoire d'Edison, le 7 décembre 1888.

Sur une boîte A, longue de 50 centimètres, haute de 20, on voit, à une extrémité, en *a*, émerger les réophores d'une pile qui actionne plus ou moins rapidement un électromoteur enfermé dans la boîte et que nous représentons à part, dans les figures 7 et 8. Ce dernier se compose essentiellement d'un volant en bronze D_1, armé de pôles D_2, qui se trouvent successivement attirés par quatre électro-aimants C, C, C, C. Le principe de cet électromoteur étant suffisamment connu, nous ne nous y arrêterons pas davantage. Dans le modèle de 1887, le régulateur du moteur consistait, comme on le voit sur la figure 8, en une masse centrifuge d^2, articulée en d' et

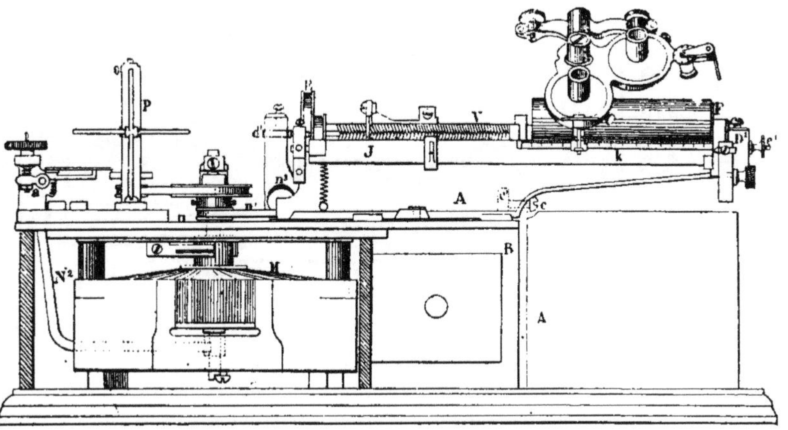

Fig. 5. — Phonographe d'Edison (élévation).

qui interrompt le courant en d^5, en repoussant le contact d^3, qui est maintenu par le ressort d^4. On obtient, de cette façon, un mouvement lent et régulier qui est directement transmis au cylindre du phonographe, au moyen de la poulie C (fig. 4), calée sur l'arbre même du moteur et au-dessus de la boîte de l'appareil. Dans le modèle de 1888, le régulateur-interrupteur se trouve placé extérieurement, en B (fig. 4), et il est actionné par une courroie calée sur la poulie C. L'arbre vertical du moteur tourne sur une crapaudine en rubis, sans aucune trépidation. Au-dessous de la poulie C, se trouve une autre poulie à gorge de plus petit diamètre, qui se distingue très bien sur la figure 4 ; cette dernière transmet le mouvement de l'arbre vertical, à l'aide d'une petite courroie sans fin, renvoyée par des galets à la poulie principale E, calée sur l'arbre fileté G, qui avance ou recule d'une manière hélicoïdale en faisant écrou avec

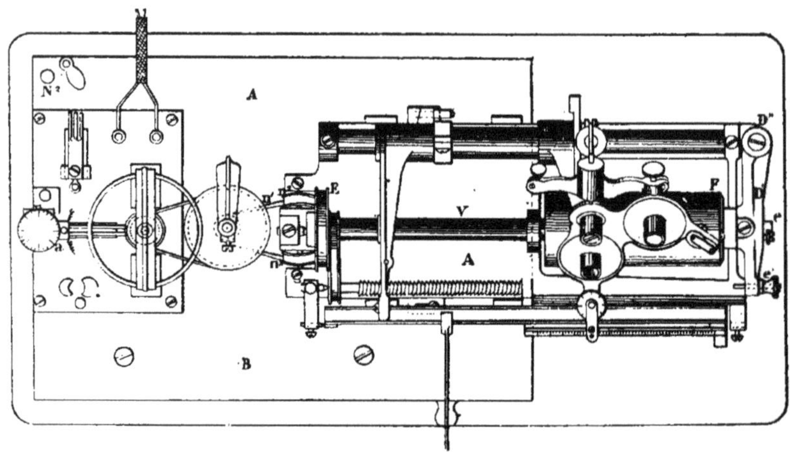

Fig. 6. — Phonographe d'Edison (vue en plan).

le bras L solidaire de la glissière K, mobile sur la barre II, placée horizontalement derrière l'appareil.

Les figures 9 et 10 représentent en détail cette partie de la machine. En H, on voit la barre dont nous venons de parler ; en K, la glissière mobile ; en L, le bras qui y est solidaire. Le bras L fait écrou sur l'arbre fileté G, au moyen d'une sorte de peigne l, appuyé par un ressort l^2 ; dans la figure 10, on voit comment les dents du peigne mordent le pas de la vis

Les filets de la vis G sont à pas très courts, un quart

de millimètre, et sont inclinés de façon à éviter tout
recul.

Le cylindre phonographique en cire M (fig. 4), sur la
construction duquel nous reviendrons en détail plus loin,
est calé sur le même arbre G, représenté en F sur la
figure 7. Il n'avance ni ne recule, comme du reste la vis G
qui en est solidaire ; il ne reçoit qu'un mouvement de
rotation et ce sont les appareils émetteurs et récepteurs,
portant les styles graveurs, logés dans le bâti R (fig. 4
et 7), qui se déplacent progressivement et très réguliè-

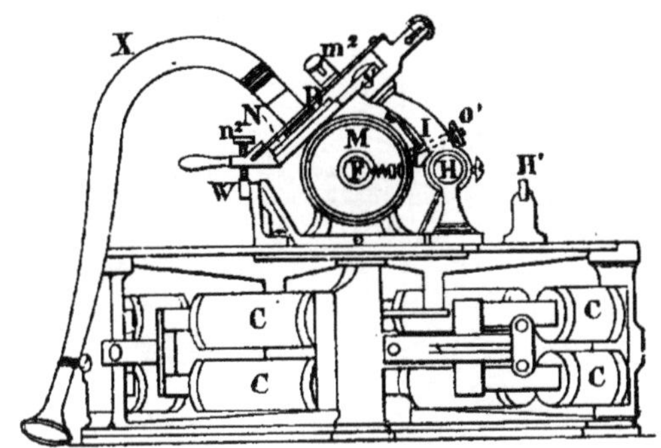

Fig. 7. — Coupe transversale du phonographe.

rement, le long du cylindre M. En cela, le nouveau phonographe diffère totalement de l'ancien, dans lequel le
style était fixe et le cylindre animé d'un mouvement de
translation.

Voici comment s'obtient le mouvement du bâti R. Il
est fixé sur la glissière K (fig. 4 et 7), mobile sur la
barre H, qui reçoit son mouvement par le peigne l,
en contact avec la vis G, et fixé à l'extrémité du bras L,
solidaire avec la glissière K (fig. 9 et 10), comme nous
l'avons déjà expliqué plus haut.

Les opérateurs (émetteur et récepteur), logés dans
le bâti R, sont disposés en paire de lunettes V, V. Cette

lunette peut pivoter autour de la vis S, d'une quantité limitée par la butée des vis m^3 et m^4 (fig. 11) sur un taquet, de façon à changer à volonté l'émetteur ou le récepteur.

La figure 12 représente en détail cette partie de l'appareil. Les mêmes lettres correspondent aux mêmes organes que dans les figures précédentes. Les extrémi-

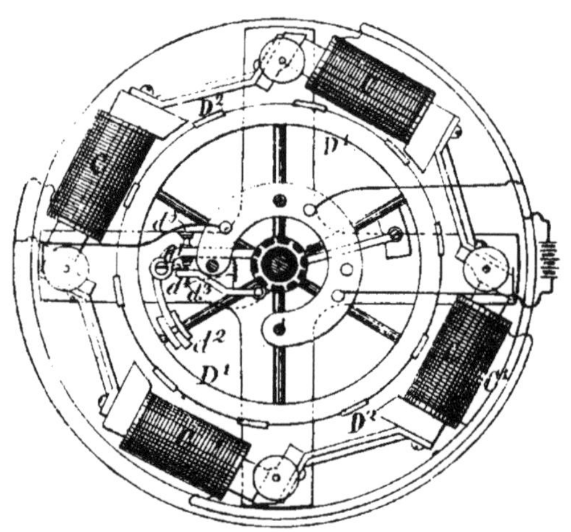

Fig. 8. — Plan de l'électromoteur du phonographe.

tés des lunettes V, V sont munies de vis à taquet n^2, qui viennent buter sur le support w. Ces vis sont micrométriques et servent à régler exactement la distance des opérateurs du cylindre M. Lorsqu'on veut mettre ou retirer le cylindre, on bascule la lunette, au moyen de son bras I, autour de son axe II, jusqu'à ce qu'il rencontre le support II', qui est élastique pour amortir le choc. On voit sur la figure 12 un outil L muni d'une vis micrométrique O ; on en fait usage pour tourner exactement les cylindres phonographiques ; la vis n^2 permet

d'obtenir tous les diamètres au fur et à mesure qu'on en
efface les tracés.

Voyons maintenant en détail la disposition du parleur
(émetteur) et du récepteur qui sont logés dans le bâti R

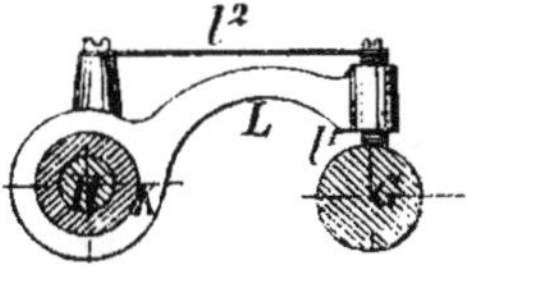

Fig. 9. — Detail
de l'écrou.

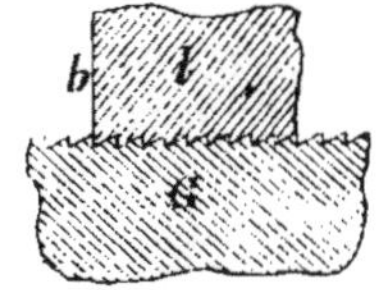

Fig. 10. — Détail
du peigne.

dont nous venons de voir la manœuvre. Les figures 13
et **14** montrent les différents organes du récepteur,
c'est-à-dire de la membrane devant laquelle on parle. Il
se compose d'une bague *a a*, portant un diaphragme en

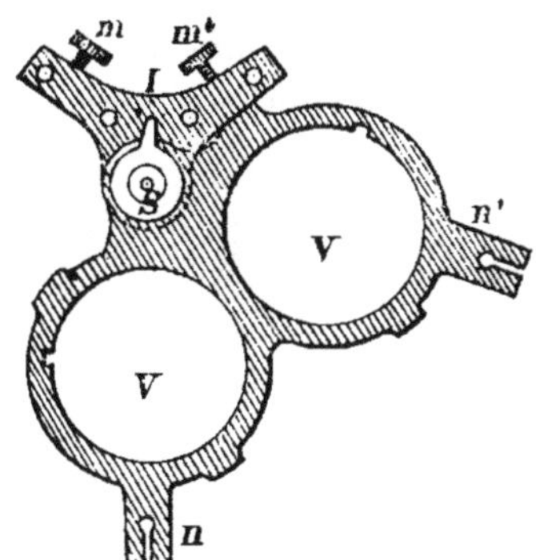

Fig. 11. — Bâti des opérateurs.

verre *b b*, dont les vibrations sont communiquées à la
pastille en caoutchouc *c*, qui presse sur le levier *h*. Sur
ce levier est assujettie la pointe, ou stylet *m*, constituée
par une petite lame d'acier taillée en biseau comme la
pointe d'un outil, et maintenue en position par la vis *v*.

Le levier *h* est articulé autour de l'axe *p* ; ses mouvements sont limités, ainsi que ceux de la pointe *m*, puisqu'elle y est fixée, par la petite masse de caoutchouc *r*, sur laquelle son extrémité bute et dont on peut faire

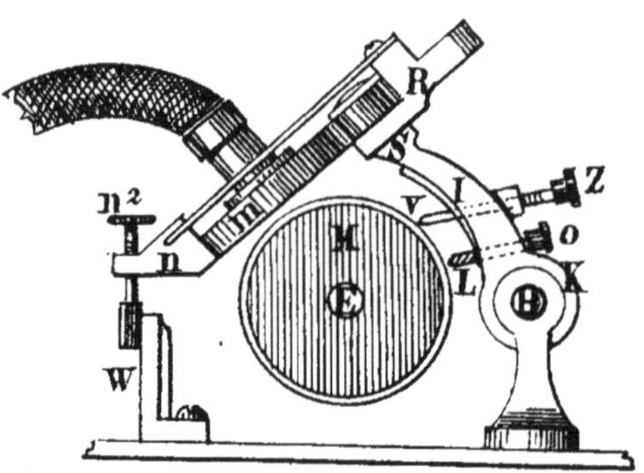

Fig. 12. — Fonctionnement des opérateurs.

varier la distance au moyen d'une vis micrométrique *s*. Le ressort *q* règle la sensibilité de la membrane, qu'il maintient rigide, en appuyant, par son extrémité, sur

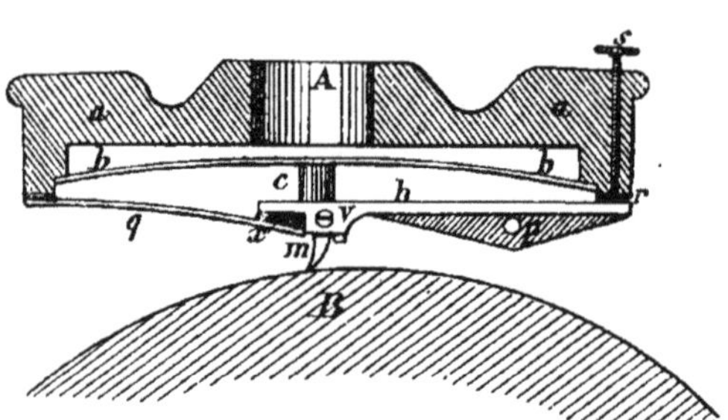

Fig. 13. — Coupe du récepteur.

le levier *h*, par une touche en caouchouc *x* qui amortit les vibrations.

Cette disposition ingénieuse du récepteur a pour but de permettre au style l'inscription très nette des vibra-

tions transmises, et d'amortir les vibratio ns parasites ou
anormales. Malgré toute cette combinaison d'organes, la
pointe *m* reste parfaitement libre et sensible aux moindres ondulations sonores.

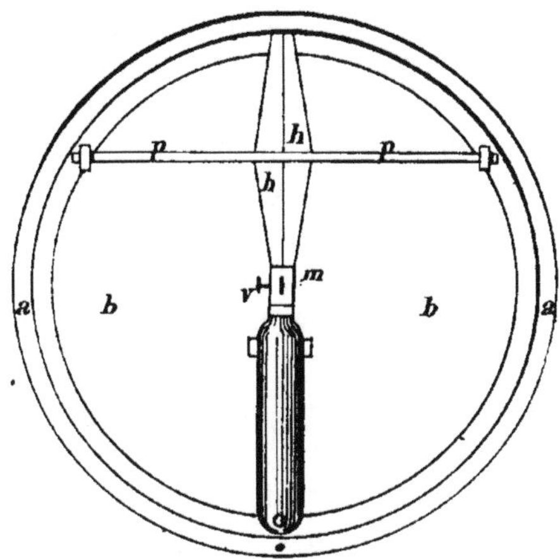

Fig. 14. — **Plan du récepteur.**

La figure 15 montre les dispositions du parleur. Son
diaphragme *a* est en soie ; il est tendu entre l'anneau *b*
et le fond fileté *c*. Ce diaphragme est relié à la pointe *m*,

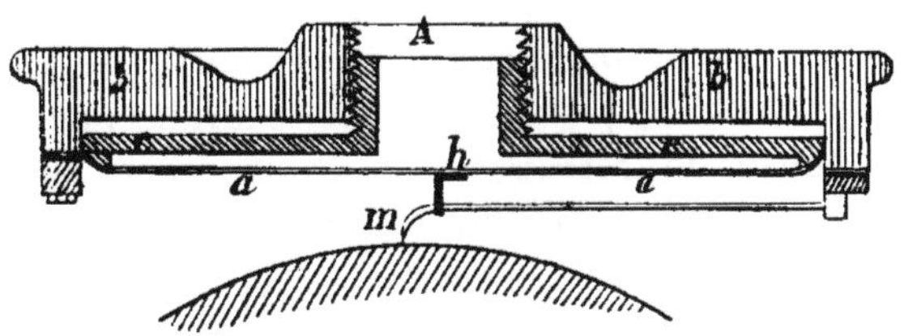

Fig. 15. — **Coupe du parleur.**

au moyen du caoutchouc *h*. La pointe *m* est arrondie de façon à ne pas détériorer le tracé qui se trouve sur le cylindre
de cire. Mais comme cela arrive quelquefois, lorsqu'on
s'en aperçoit, à la suite d'un grincement particulier qui

se fait entendre, on donne du jeu en tournant l'une des vis m^4 (fig. 11). Du reste, le stylet du parleur est moins large que celui du récepteur.

Une vis T, parallèle à la tige filetée G et mise en mouvement au moyen de la poulie E (fig. 4), a pour but de ramener en arrière les systèmes récepteur et parleur, logés dans le bâti M. Pour cela, un système permet de dégager la première vis G du peigne, maintenu par le bras L, et de mettre cette dernière aux prises avec la vis T, et comme celle-ci tourne en sens inverse, tout le système est ramené en arrière, avec la même vitesse, lorsqu'on veut faire répéter la phrase qui vient d'être dite.

La vis micrométrique n^2 (fig. 12) appuie sur une réglette graduée, que l'on voit très bien sur le devant de la figure 4, ce qui permet de ramener exactement les opérateurs au point de départ.

Occupons-nous maintenant du cylindre de cire ou *phonogramme*.

La cire employée n'est pas de la cire d'abeille pure, parce qu'elle est trop molle et que les empreintes et les sillons s'effaceraient ou se détérioreraient facilement. Il en serait de même de la paraffine, de l'ozokérite ou des cires minérales. On connait une cire très dure, cassante, la *cire de carnauba* (1), mais on ne saurait l'employer seule à cause de l'irrégularité de la trace que l'on obtiendrait et du son nasillard et grincheux que rendrait

---

(1) La cire de carnauba se recueille sous forme de poussières sur les feuilles du Carnauba (*Capernicia cerifera*) qui habite les provinces septentrionales du Brésil et particulièrement dans la province de Céara. Cette cire a été signalée au Brésil, en 1810 ; elle n'a été connue en Europe que lors de l'Exposition de 1867.

Elle est jaunâtre, dure, très cassante, brillante ; sa densité est 0,999 ; elle fond à 84 ou 85 degrés.

Ses principaux marchés sont Londres et Hambourg.

le phonographe. On obtient une très bonne cire en mélangeant :

        Cire d'abeille . . . 100 grammes.
        Cire de carnauba. . 30   —

On varie la proportion de carnauba selon la température et selon la forme et la nature du style inscripteur. Plus la proportion de carnauba est élevée, plus les sons deviennent nets et purs, jusqu'à ce que cette quantité atteigne 40 à 50 pour 100 ; passé ce taux, le phonographe donne un son rèche et nasillard. Plus la pointe est fine, plus la cire doit être dure.

Une bonne cire peut être constituée avec :

        Paraffine . . . . . 100 grammes.
        Cire de carnauba. . 25   —

On nous a cité encore la formule mixte suivante :

        Paraffine . . . . . 100 grammes.
        Cire d'abeille. . . . 100   —
        Cire de carnauba . . 100   —

Il va sans dire que ces matières doivent être employées dans le plus grand état de pureté possible. Il faut éviter, avec soin, les corps étrangers : poussière, grains durs, qui pourraient faire dévier le style ou érailler le sillon. On fond les cires dans une capsule en cuivre, au bain-marie, et lorsque la fusion est complète, on filtre le liquide visqueux, jaune, sur un filtre en flanelle chauffé autour avec de l'eau chaude ou de la vapeur. Le mélange, ainsi obtenu, est prêt pour le moulage.

La figure 16 représente un cylindre phonographique en cire. On voit qu'il est parfaitement cylindrique à l'extérieur et légèrement conique à l'intérieur, pour qu'il puisse s'emmancher exactement, et sans difficulté, sur le manchon cylindro-conique M du phonographe (fig. 4). Il mesure 115 millimètres de longueur sur 50 millimètres de diamètre.

La figure 17 représente le moule dans lequel on fond

Fig. 16. — Cylindre phonographique.

les cylindres phonographiques ; la figure 18 montre le même moule en plan. Il est en deux parties C et C'. mobiles autour d'une charnière verticale H, que l'on peut écarter ou rapprocher au moyen des poignées K.

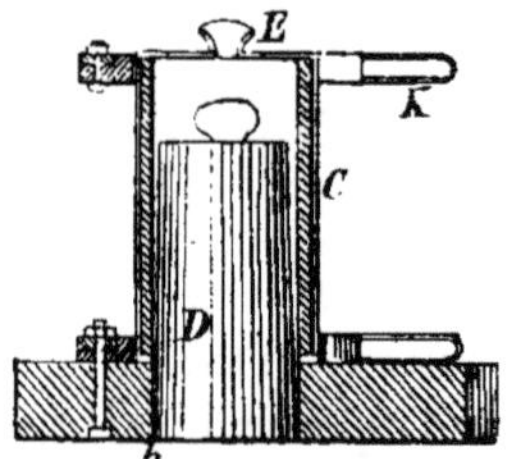

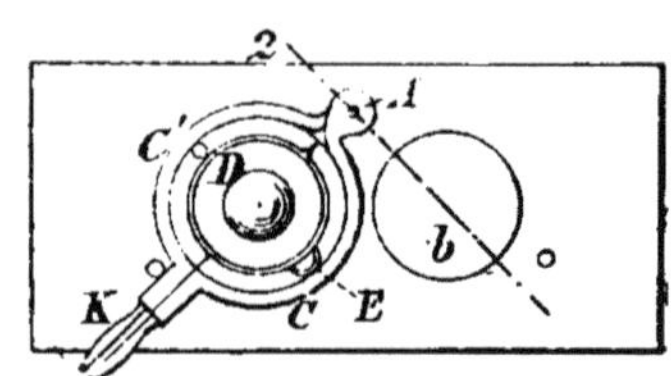

Fig. 17. — Moule pour cy-
lindres phonographiques.

Fig. 18. — Plan du moule.

A l'intérieur du moule se place un noyau conique D. Le tout étant en place, on coule la cire par l'ouverture E : aussitôt que la cire a pris une certaine consistance, mais étant encore chaude, on amène le moule au-dessus de l'ouverture b, par laquelle tombe le noyau D avec la plus grande facilité, puisqu'il est conique. Cette précau-

tion est absolument nécessaire pour éviter que la cire
ne se fendille par le refroidissement, à la suite de la
grande contraction qu'elle éprouve.

Dans cet état, on laisse refroidir complètement le

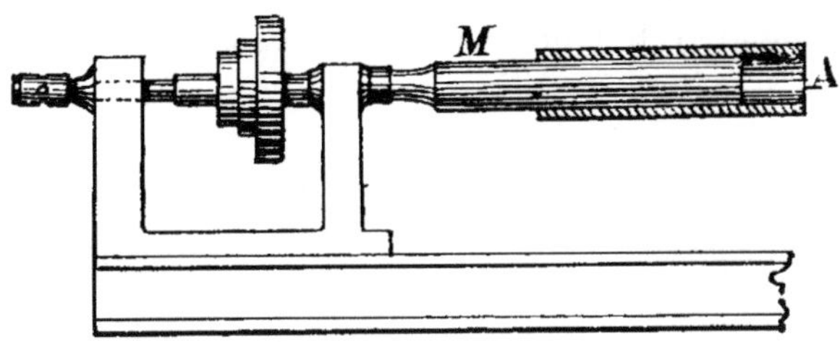

Fig. 19. — Alésage des cylindres de cire.

cylindre et on le sort du moule en ouvrant ce dernier.

Les cylindres bruts, ainsi obtenus, subissent encore

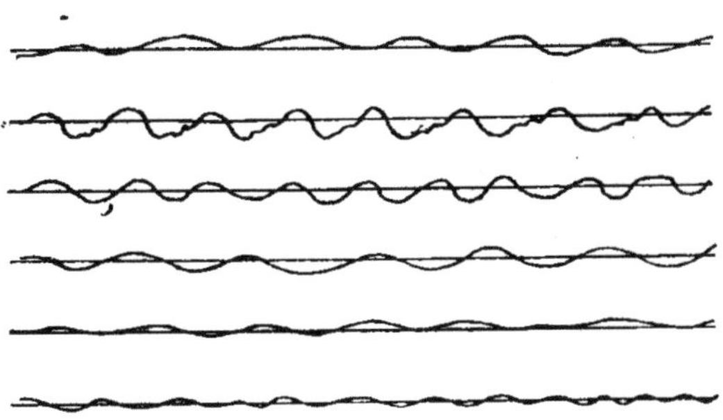

Fig. 20. — Sillons tracés sur le cylindre de cire.

deux opérations : l'alésage et le tournage. L'alésage se
fait en emmanchant le cylindre A sur le mandrin légèrement conique M, actionné par une poulie (fig. 19). Le
mandrin P a exactement les dimensions du manchon
cylindro-conique du phonographe.

Le tournage s'effectue sur le phonographe même.

cylindre de cire est mis en place sur le manchon comme nous l'avons expliqué. On met en mouvement le bâti R, comme si l'on voulait phonographier, mais en faisant travailler l'outil L (fig. 12) et l'on arrive facilement au diamètre voulu, en agissant plus ou moins sur la vis micrométrique O de l'outil, ou sur la vis n^2 du bâti. Après

Fig. 21. — Profil d'un sillon.

l'outil L, on fait travailler l'outil Z, composé d'un fil de platine, qui repasse le cylindre et enlève les marques et les aspérités qu'avait laissées le précédent outil.

Dans cet état, le phonographe est prêt à fonctionner. Le courant électrique met en avant la tige filetée G et

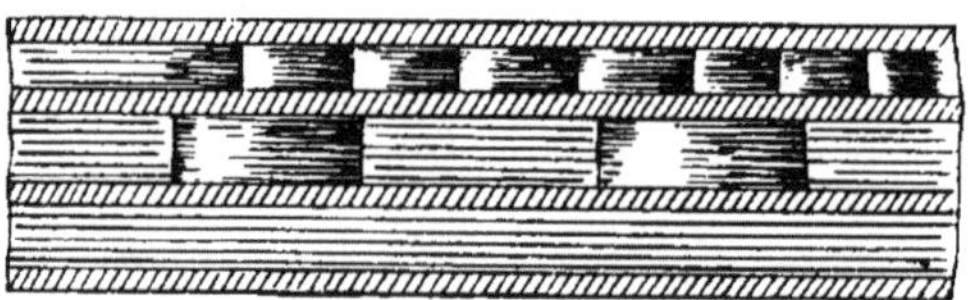

Fig. 22. — Plan des sillons.

le cylindre, à raison de 60 tours par minute pour la parole, et à 100 tours pour la musique. On amène le récepteur devant le cylindre, on parle d'une manière distincte et forte devant le pavillon : le stylet inscripteur trace des traits, imperceptibles à l'œil nu, dont la plus grande largeur n'atteint pas un dixième de millimètre, traits qui correspondent aux moindres détails des vibrations produites.

La figure 20 représente ce tracé ; la figure 21 donne, avec un fort grossissement, le profil du sillon ; la figure 22 montre le sillon en plan, avec ses ondulations plus ou moins grandes.

Le cylindre a reçu l'empreinte désormais indélébile qui conservera la parole humaine avec ce qui la rend personnelle : l'intonation, le timbre, la vitesse ou la lenteur, la prononciation, en un mot, l'accent tout entier.

Pour faire revivre cette parole, on remplace le récepteur par le parleur, en ramenant le bâti des opérateurs au point de départ. Le style de l'émetteur retrouve et suit les traces du style inscripteur ; un tube en caoutchouc X, qui se ramifie en autant de branches qu'il est nécessaire, suivant le nombre des auditeurs, remplace le tube à pavillon. Ces tubes se terminent par de petites ampoules perforées qu'on place dans chaque oreille, et l'on entend d'une manière distincte la phrase, le discours, le chant prononcés tout à l'heure.

Gráce à un déclanchement, opéré par une simple pression sur un levier, on peut faire répéter un mot, une phrase, un passage autant de fois qu'on peut l'exiger.

Chaque bande de cylindre de 25 millimètres peut contenir 200 mots; le cylindre peut donc renfermer un millier de mots. Une dizaine de ces cylindres suffiraient pour enregistrer la lecture d'un in-18 ordinaire.

Les répétitions n'usent pas les traces ; on s'est assuré qu'on pouvait demander au cylindre 6000 répétitions sans altérer ou affaiblir les sons. De plus, le même cylindre peut être raboté une centaine de fois avec les outils L et Z (fig. 12).

La sensibilité de l'appareil est extraordinaire : le moindre chuchotement, la moindre articulation sont fidèlement reproduits. Le *New-York Herald* et le *Scientific American* rapportent que, au nouveau laboratoire d'Edison, près de Llewellyn Park (Orange), on a lu devant le phonographe un article d'un journal. L'appareil répéta avec une telle perfection que M. Edison se demanda s'il pourrait construire un nouvel appareil aussi impressionnable. Il reconnut bientôt que toute machine, construite sur le même plan, possède les mêmes qualités.

Nous ajouterons qu'en remplaçant le tube de caoutchouc X par le cornet acoustique Y, le phonographe se fait entendre à tous les auditeurs d'une salle ; mais sa voix est plus nasillarde que dans les auditions privées.

Dodge, en 1891, a imaginé un effaceur, pour supprimer tout ou partie du tracé, pendant le cours d'une conversation. Il est constitué par un galet, d'une épaisseur égale à la largeur des sillons du phonogramme, et monté sur un levier solidaire du châssis porte-membrane. L'une des extrémités de ce levier glisse sur une tringle, de manière qu'il suffit, pour appliquer le galet dans un sillon et effacer, d'appuyer sur le levier.

Voilà décrite cette merveille des merveilles. Voyons maintenant ses applications.

CHAPITRE III

Applications du phonographe.

Les applications du phonographe sont nombreuses et
variées. Nous allons citer les principales.

1° Au lieu d'écrire une lettre, on aura plus tôt fait de
la dicter au phonographe, qui en reproduira parfaitement
le sens et évitera ainsi toutes les contestations sur l'écriture
illisible. Les cylindres phonographiques sont très légers
et, mis dans un étui, pourront être expédiés par la
poste moyennant un affranchissement de 10 centimes.
Le destinataire placera le cylindre sur son appareil, et
il n'aura plus qu'à écouter. On pourra envoyer ainsi de
longs factums, puisqu'un cylindre peut contenir un
millier de mots, avec une grande économie de temps et
d'argent.

Il ne pourra y avoir aucune contestation sur la signature, puisque les intonations, le timbre et l'accent sont
complètement reproduits.

Le commerçant pourra dicter sa correspondance et
ses instructions au phonographe ; l'appareil répétant à
loisir et aussi lentement qu'on le désire, l'employé ou
les employés auront tout le temps nécessaire pour écrire
les lettres, soit à la plume, soit à la machine, si le destinataire ne possède pas de phonographe.

Mais il y a plus : deux hommes d'affaires, en correspondance phonographique, peuvent parler sur le cylindre
à l'aide d'un double tube, d'une façon absolument indé-

pendante, et obtenir ainsi une transcription irréprochablement exacte de leur conservation, avec leurs propres voix, les pauses, les hésitations, les affirmations confidentielles, les explications spéciales, infailliblement inscrites sur la cire. Cette conversation peut être ensuite écrite, à la main ou à la machine et conservée pour référence ultérieure.

Les personnes ne sachant pas écrire, ou ne pouvant écrire, comme les paralytiques, les blessés, les amputés, etc., pourront correspondre et rendre des services tout comme les autres.

Au Mexique, l'Administration des Postes, pour faciliter la correspondance des gens illettrés, a mis à leur disposition plusieurs phonographes dans chaque bureau. Moyennant une taxe fixe, on peut parler dans l'appareil et faire envoyer le rouleau dans un autre bureau. Le destinataire, prévenu par la poste, se rend dans ce bureau pour entendre sa correspondance, sans payer de taxe.

2° Le phonographe servira surtout aux aveugles. L'appareil servira à apprendre à lire et à écrire aux aveugles-nés. Les aveugles de toutes conditions pourront correspondre avec la plus grande facilité, au lieu d'être condamnés à l'*Ectypographie* (1).

M. Edison aura rendu un énorme service à ces déshérités de la nature.

Il n'y aura que les sourds et muets qui ne pourront profiter de l'invention.

3° On pourra s'entendre parler, de Paris en Amérique, en Chine, en Australie, etc. Chaque peuple, sans abandonner sa langue propre, aura tout intérêt à adopter

---

(1) *Ectypographie* (du grec *ek*, en dehors, relief, et *graphein*, écrire) est un mode d'impression en relief à l'usage des aveugles.

une langue universelle pour l'échange des idées avec les autres nations. Cette adoption se fait d'autant plus sentir depuis l'invention de la *Téléphonographie* (V.page 74). Déjà un polyglotte distingué, de Constance, M. Schleyer, a imaginé son *Volapük* (1). M. Maldant a proposé un système de langue internationale encore plus simple, dont tous les mots sont compris dans 80 racines ayant 16 radicaux.

4° Le phonographe remplacera avec avantage la sténographie (2) pour l'enregistrement authentique et *in extenso* des discours des hommes d'Etat, des orateurs, des prédicateurs, des avocats, des juges, des conférenciers. Les journaux ne donneraient plus ainsi des comptes rendus fantaisistes, appropriés à leur politique, à leurs vues, et à leur cause.

Dans un grand meeting de Chicago, on a supprimé, dit M. Vernier, les sténographes et on les a remplacés par deux phonographes. Le *reporter* se tenait à petite distance des orateurs et répétait les discours à un phonographe : quand le style était au bout de sa course, sur le cylindre, et y avait imprimé sa courbe indentée, le reporter parlait au second phonographe ; pendant ce temps, le cylindre du premier phonographe était porté à l'imprimerie où l'on traduisait ses indications. La marche de l'opération a été si satisfaisante que c'est de la sorte que le compte rendu du meeting a été imprimé.

A l'Auditorium de Chicago, le phonographe a été employé pour reproduire le discours de M. Depeu, célèbre orateur new-yorkais, qui faisait une excellente

---

(1) Le volapük a été lancé officiellement, le dimanche 21 février 1886, dans une séance tenue dans le grand amphithéâtre de l'Ecole des Hautes études commerciales.

(2) La méthode rationnelle de sténographie a été imaginée, en 1602, par l'Anglais John Willis.

conférence sur l'Exposition de 1893 et donnait son
adhésion au choix fait par le Congrès de Washington.
La rapidité avait été tellement grande que tous les journaux de Chicago recevaient des épreuves de l'exorde,
avant que M. Depeu eût eu le temps de terminer sa
péroraison.

C'est à l'occasion de la discussion du Silver Bill'au
Congrès de New-York, que le phonographe a montré
ses capacités de reproduction. La séance avait été levée
à minuit, et 120 000 mots avaient été relevés par les sténographes, qui les répétèrent au phonographe. L'appareil
fut ensuite remis aux compositeurs et l'impression du
compte rendu de la séance fut terminée avant la réunion du lendemain.

Le phonographe ne remplacera pas complètement les
sténographes, car ceux-ci ne sont pas de pures machines
puisqu'ils remettent sur pied les discours peu corrects.
C'est ainsi que les harangues de nos élus ne nous arrivent qu'après un véritable travail orthopédique et un
épluchage cacographique ; bien peu de discours de députés
et de sénateurs sont à même de se passer de ce véritable
blanchissage.

5° S'il est possible d'enregistrer tout ce qui se dit,
on pourra conserver et entendre à nouveau, un an ou
un siècle plus tard, un discours mémorable, un tribun
de mérite, un chanteur en renom, etc... Mme Patti avait
toujours refusé obstinément de chanter dans un phonographe. A Chicago, on est parvenu, un jour où la célèbre
artiste jouait à l'Auditorium, à lui voler ses plus belles
notes à l'aide d'un phonographe habilement dissimulé.

On pourra s'en servir d'une manière plus privée :
pour conserver religieusement les dernières paroles
d'un mourant, la voix d'un mort, d'un parent éloigné,
d'un amant, d'une maitresse, etc...

6° Le phonographe sera employé à produire des discours. L'orateur subitement indisposé, le conférencier timide, le politicien ayant peur de recevoir des horions, dicteront leur discours à l'instrument sans peur et sans reproche, ne tournant jamais le dos aux auditeurs et se moquant des interpellations comme d'une guigne; amené à la tribune, il exposera, avec une imperturbable sûreté, toutes les théories, les vérités, les mensonges et les absurdités qui lui auront été dictés.

Un nouvel académicien pourra faire de la sorte un discours correct. Les députés auront un moyen sûr pour ne pas s'épuiser ni se fatiguer.

Les intrépides pourront se multiplier, et faire entendre leur discours, le même jour, dans plusieurs villes à la fois.

7° Le phonographe servira à enseigner les langues. Il apprendra aux enfants l'alphabet. On a déjà construit un appareil qui, mis en mouvement, fait entendre à un enfant la prononciation des lettres qui passent devant ses yeux. Supposons que Stanley ait eu à sa disposition un phonographe: il eût pu s'en servir pour conserver au monde savant tous les dialectes, les chants et les musiques de l'Afrique centrale. Désormais, il fera partie du matériel des explorateurs, comme les appareils photographiques.

Dans les classes, il servira à faire les dictées.

Dans un grand nombre d'écoles des États-Unis, on commence à faire un emploi constant du phonographe pour faire l'étude des langues étrangères, afin de bien mettre dans l'oreille des élèves les articulations difficiles.

8° Le phonographe servira beaucoup à la magistrature assise. Ce sera un excellent greffier et les dépositions ne pourront être altérées. Le récidiviste sera reconnu à sa voix, etc., etc.

4

9° Il sera employé par les comédiens pour leur permettre de bien se graver dans la mémoire le véritable accent de leur rôle. Les chanteurs en feront un usage identique.

Il remplacera le souffleur qui, souvent, est distrait, au grand désappointement des artistes.

10° On s'en servira pour reproduire les drames, les opérettes, les opéras-comiques, les grands opéras, les chansons à la mode, les orchestres, les chœurs, etc. Les membres de la famille, assis autour d'un guéridon ou près de la cheminée, entendront, à peu de frais, la musique de l'Opéra, de l'Opéra-Comique, du Chat Noir, etc.

Sans se déranger, le malade pourra prendre toutes les distractions qu'il désirera. Un phonographe lui donnera du drame, de la comédie, du chant, du grivois, du piano.

Tous les visiteurs de l'Exposition universelle ont pu se rendre compte de la façon dont on phonographiait la musique : un morceau de piano, un solo de cornet à piston. Le récepteur est pourvu d'un large pavillon qui permet de recueillir toutes les notes qui se dégagent des instruments.

On pourra se servir du phonographe comme d'un compositeur musical : en tournant à rebours, c'est-à-dire en ramenant le bâti en arrière, sans relever le style, on entend une autre mélodie qui peut être même plus belle que la première.

11° Le phonographe remplacera la copie dans les imprimeries, ce qui permettra au compositeur d'aller plus vite, de ne pas se fatiguer les yeux, surtout la nuit, à lire le manuscrit qui est souvent illisible. Le système serait excellent pour les publicistes qui écrivent mal ou qui ont à se plaindre de leur secrétaire. Un mécanisme spécial sera adapté, dans ce cas, au phonographe, pour permettre au compositeur d'arrêter la dictée de l'appareil tous les 10 mots. L'expérience a déjà été faite au journal *World*, de New-York.

Les auteurs eux-mêmes s'en trouveront bien. Plus besoin d'écrire sa pensée, quel rêve ! Les romanciers pourront produire beaucoup, mais beaucoup. L'écrivain technique et scientifique dictera ses ouvrages et se dispensera de les exposer sur le papier, ce qui est assommant. La vulgarisation marchera alors à pas de géants.

12° On publiera aussi des livres phonographiés. Écoutons à ce sujet M. Henri de Parville : « On priera un bon lecteur de lire le dernier roman au phonographe. Et les rouleaux phonographiques reproduiront la lecture avec son intonation, ses finesses de diction. Un bon lecteur fera prime. Et sa signature viendra souvent à côté de celle de l'auteur, et même quelquefois avant. Evidemment les livres phonographiés par M. Legouvé auraient un prix inestimable. Et quand on pense que sa voix pourra ainsi traverser les siècles, se faire entendre de toutes les générations de l'avenir, on ne peut s'empêcher d'envoyer un salut de gratitude à l'inventeur américain. « *Madame Chrysanthème*. Edition phonographique Legouvé ! » Ainsi se créera un nouveau genre de collaboration bien imprévu. Quelle nouvelle source de revenu pour les éditeurs ! Nous ne sommes pas au bout des surprises que nous réserve l'avenir. Et que d'auditeurs désormais : autant que de lecteurs. Quelle fortune pour les malades, les aveugles, les désœuvrés, le soir, au coin du feu ! Et ce qui est vrai pour le livre l'est aussi pour le journal, pour le théâtre et pour la musique. »

Il se fondera des journaux phonogrammes tels que : le *Petit Journal phonogramme*, le *Phonogramme du Temps*, et les abonnés pourront lire — pardon ! entendre

— les nouvelles sans se fatiguer la vue, au lit, à table, au jardin. Le comble du bien-être, quoi !

13° Il ne sera pas moins utile dans la vie domestique, pour surveiller les bonnes, valets, employés, etc. Les instructions données verbalement ne s'envoleront plus.

Nous ne pouvons indiquer toutes les applications de ce genre. On les devinera. On a popularisé cet emploi dans une pièce intitulée : *Nos jolies Fraudeuses*.

14° En médecine, l'instrument sera précieux. M. Licht-witz a déjà montré que le phonographe remplit toutes les conditions d'un bon *acoumètre*, pour l'examen fonctionnel de l'ouïe. On pourra facilement établir des *échelles acoumétriques*, à l'instar des échelles optométriques. On établira des *phonogrammes* contenant les voyelles, consonnes, syllabes, mots, phrases, d'après leur valeur acoustique. On fera entendre au malade, au moyen du tube acoustique, l'un après l'autre, les phonogrammes de l'échelle acoumétrique, jusqu'à ce que le malade n'entende plus : le dernier phonogramme indiquera d'une manière sûre la limite de l'acuité auditive. Le phonographe donnant toujours des sons identiques, même à des époques très éloignées, on pourra ainsi comparer facilement l'acuité auditive du même malade aux différentes phases de sa maladie, ou chez différents malades.

15° Dans l'armée, l'usage du phonographe sera également utile. On s'en servira d'abord pour apprendre la *théorie;* l'instrument ne se fatiguant pas. pourra reproduire les instructions autant de fois que l'exigera l'entêtement des soldats. Pour la correspondance secrète, on dictera à l'appareil une communication cryptographique. On s'assurera du secret en adoptant un diamètre spécial pour les cylindres en cire et une vitesse déterminée pour l'avancement des opérateurs. On ne pourra faire parler le phonographe avec certitude qu'autant que l'on aura sous la main un phonogramme de mêmes dimension et de même vitesse. Il y a là de jolis problèmes à résoudre.

L'*Admiralty and Horse-Guards Gazette* rend compte d'une conférence faite récemment à Aldershot, par le colonel Gouraud, des Etats-Unis, dans laquelle l'orateur démontrait les applications militaires du phonographe. La partie la plus intéressante de ce discours consiste dans la description d'un appareil portatif, pouvant être transporté à cheval, par un aide de camp, et avec lequel un général pourrait donner ses ordres lui-même avec la certitude qu'ils seraient exactement transmis, et sans perdre de temps.

Le colonel Gouraud a expérimenté personnellement cette idée, pendant les manœuvres du Berkshire. Munis d'un de ces instruments, des correspondants de journaux sont parvenus, avec un travail minime, à donner la description des principaux événements, tels que les mouvements de la cavalerie, avec la même rapidité que cette arme mettait à les exécuter, chose que n'aurait pu faire un habile sténographe, contraint à avoir continuellement les yeux sur les tablettes où il écrit (1 .

16° Les journaux américains nous rapportent que le richissime Stephen Anderson, qui possédait à New-York 40 maisons et une fortune de 100 millions de dollars, paralysé depuis six mois et dans l'impossibilité d'écrire ses dernières volontés, fit apporter sur son lit de douleur un phonographe, dans lequel il parla son testament d'une voix mourante ; puis il fit fermer l'instrument sur lequel on appliqua les scellés et il rendit l'âme. Quelques jours après, le phonographe fut solennellement ouvert chez le

---

(1) *Cosmos*, 25 avril 1891.

notaire Broadway, et tous les héritiers qui se trouvaient réunis prirent connaissance des dernières volontés de Stephen Anderson.

17° Lors de la fête du 4 juillet, anniversaire de la déclaration d'indépendance des Etats-Unis, M. le colonel Gouraud a fait entendre, à Paris, la voix de M. Harrisson, le président actuel. Comme il ne peut quitter le sol de l'Union pendant toute la durée de la législature, le représentant d'Edison en Europe a eu raison de dire que c'était la première fois qu'on entendait, de ce côté de l'Atlantique, des paroles prononcées par l'hôte de la Maison Blanche.

18° Le mariage de M. Stanley, qui a été célébré, le 12 juillet 1890, à l'abbaye de Westminster, avec une pompe royale, a donné lieu à des expériences phonographiques. Deux phonographes ont été placés dans l'abbaye, pendant la cérémonie ; l'un d'eux, mis en opération près de l'orgue, a reçu l'impression de la marche nuptiale. Il a été remis au célèbre explorateur comme un cadeau de noce de M. Edison. L'autre est resté entre les mains de M. le colonel Gouraud ; on l'a fait fonctionner dans le clocher, et il a conservé l'impression du joyeux carillonnage (1).

19° M. Patrick Egar, de New-York, a trouvé une utile application du phonographe. Chaque fois qu'il reçoit une somme, il oblige le caissier de la maison à le crier à haute voix devant le phonographe. A la fin de la journée, il est facile de vérifier les comptes, l'appareil ne se trompant jamais.

Cette application trouvera son emploi dans les banques, les sociétés financières, les grands magasins, dans les cafés, les restaurants, etc., comme contrôle des sommes

---

(1) *La Science Illustrée*, 23 août 1890.

versées, marchandises vendues et des consommations servies.

20° M. J. Walter Feukes, de Boston, l'a employé pour recueillir tout ce que l'on peut trouver d'original chez les Peaux-Rouges. Il a phonographié les dialogues, chants, musiques des Indiens Passamaguodies, comme par exemple la *Danse du serpent*, chanson dite par Noël Joseph, un des bardes reconnus par les Passamaguodies comme connaissant le mieux les chansons du vieux temps ! En général, un cylindre suffit pour un morceau, mais quelques-uns en exigent plusieurs, comme par exemple le *Podump* et *Pook-jin-squiss* (le *Chat noir* et la *Femme crapaud*), qui en a demandé 9. En tout, M. Walter Feukes a 36 cylindres qu'il va publier en langage ordinaire.

Cette tentative sera bientôt suivie de beaucoup d'autres.

21° Enfin, nous avons réservé pour la fin la description de la poupée-phonographe Edison, telle qu'elle se voyait, au commencement de l'année passée, à l'Exposition des merveilles de l'électricité au Lenox-Lyceum d'Orange, dans l État de New-Jersey. La poupée ressemble extérieurement à tous les jouets de cette catégorie ; elle est en fer-blanc et renferme un mécanisme d'horlogerie et un phonographe particulier. Ce dernier est composé d'un tambour recouvert d'une feuille en gutta-percha tenant lieu et place de la cire dans le phonographe ordinaire ; elle est en communication par un stylet avec la plaque de résonance et de vibration d'un électro-aimant. Cette plaque est surmontée d'un cornet acoustique, qui débouche dans la poitrine de la poupée, qui est disposée comme un fond d'écumoire, c'est-à-dire percée de trous nombreux et d'assez fort calibre. Le phonographe est mis en mouvement au moyen du mécanisme d'horlogerie, que l'on monte avec une clef, par une ouverture pratiquée dans le dos de la poupée.

Des jeunes filles chantent, parlent, pleurent, rient devant le phonographe et y gravent tout ce que la poupée devra répéter.

L'usine Edison, en Amérique, peut fabriquer 500 de ces poupées par jour.

CLICHÉS PHONOGRAPHIQUES

On a cherché à multiplier, par les procédés électrotypiques, les livres phonographiques, les discours mémorables, les morceaux de chant ou de musique phonographiques, à tel point que, étant donné un phonogramme original en cire, on puisse en obtenir une reproduction illimitée, pour fournir à ceux qui possèdent un phonographe, absolument comme on vend des livres à ceux qui savent lire. Seulement, c'est une librairie d'un nouveau genre. Les bibliothèques aussi se transformeront : sur les étagères, on ne verra qu'un amas de cylindres en cire ou en métal, étiquetés et numérotés.

Edison, en 1878, avait déjà songé à reproduire par l'électrotypie des copies de la feuille d'étain de son phonographe primitif. Olivier Matthey, chimiste à Neufchâtel, indiqua un procédé galvanoplastique pour le clichage phonographique.

Les meilleurs clichés sont en cuivre, recouverts ou non d'une mince couche de cire. Voici la meilleure manière de les obtenir:

Le phonogramme est métallisé avec précaution, puis recouvert d'une très mince couche de cuivre ou de nickel, par la galvanoplastie. Dans cet état, on le met dans

un moule, formé d'une boite cylindrique s'ouvrant en
deux parties au moyen d'une charnière verticale, semblable à celui représenté figure 15. Entre le phonogramme
et la paroi du moule, on coule une composition gélati-
neuse formée de :

Eau..............	500	grammes.
Gélatine.	250	—
Glycérin·..	50	—
Sucre.........	25	—
Borax...	10	—

Le lendemain, lorsque la gélatine est prise, on ouvre
le moule, et on en sort le cylindre recouvert de la gélatine qui a pénétré dans ses moindres sillons. On fend
celle-ci avec un instrument très tranchant, suivant une
génératrice, et on la détache facilement du cylindre. On
métallise l'intérieur, et on l'ajuste dans une boite en
cuivre, s'ouvrant à charnière, de façon à lui faire re-
prendre sa position primitive. On suspend cette boite
dans un bain électrolytique, au sulfate de cuivre, et on
obtient, au bout d'un certain temps, un phonogramme en
cuivre. Pour le détacher, on ouvre le moule, qui écarte
en même temps la gélatine. Le moule, refermé, est
replongé dans le bain galvanoplastique pour obtenir un
autre cylindre imprimé, et ainsi de suite.

Le cylindre, reproduit galvanoplastiquement, a son
intérieur parfaitement droit; on le rend légèrement
conique en le passant sur un manchon d'alésage spécial.
Sa surface est bien nettoyée, et recouverte bien uniformément d'une couche du vernis suivant :

Ether de pétrole...	1000	grammes.
Cire de carnauba..	1	gramme.
Cire d'abeille.....	3	—

Le phonogramme est prêt.

Le cylindre type sert à obtenir de nouveaux reliefs en gélatine. A la place de la gélatine, on peut faire usage de la gutta-percha, mais les résultats sont moins bons, à moins de suivre, dans tous ses détails, le procédé Pellecat.

Toutes ces opérations doivent être conduites avec le plus grand soin, si l'on veut arriver à produire des phonogrammes absolument identiques.

Tout récemment, on est arrivé à multiplier les phonogrammes au moyen de la photogravure. C'est le seul moyen d'arriver pratiquement, rapidement, exactement et économiquement à la reproduction des phonogrammes. Malheureusement, il nous est impossible de décrire les procédés employés ; ils sont absolument secrets.

CHAPITRE IV

Le graphophone.

Le graphophone de *Bell-Tainter* est un concurrent sérieux du phonographe. Nous allons en donner la description, d'après le dernier modèle, qui fonctionnait à l'Exposition universelle de 1889, dans la section américaine (1).

Nous avons raconté les recherches qui furent exécutées par M. Charles Summer Tainter, avec l'appui de la Compagnie du laboratoire Volta (*Volta Laboratory Company*), établie, par le professeur A. Graham Bell, sur les fonds du prix Volta qui lui avait été décerné par le gouvernement français.

Le but du professeur Tainter a été surtout de produire un appareil aussi simple et aussi peu coûteux que possible. Il a employé, dans la construction de son graphophone, un mécanisme des moins compliqués, qui est mis en action sans le secours de moteur électrique, ou autre, se contentant de la pédale, qui permet, après quelques minutes d'essai, à la personne la plus inexpérimentée, de se servir très facilement de l'instrument.

La figure 23 représente le graphophone dans son ensemble. Il se compose :

1° Du cylindre phonographique C ;

2° Du système moteur M ;

3° Du régulateur R ;

---

(1) Voir pour les premiers graphophones de M. Tainter : *Lumière Electrique* du 13 novembre 1886 et du 11 août 1888.

4° Du récepteur ;

5° Du parleur.

Le cylindre phonographique C (fig. 23) est formé par une feuille de carton de 1 millimètre d'épaisseur, recouverte d'une couche légère et homogène de cire minérale ou ozokérite (1). Nous ne dirons rien sur la

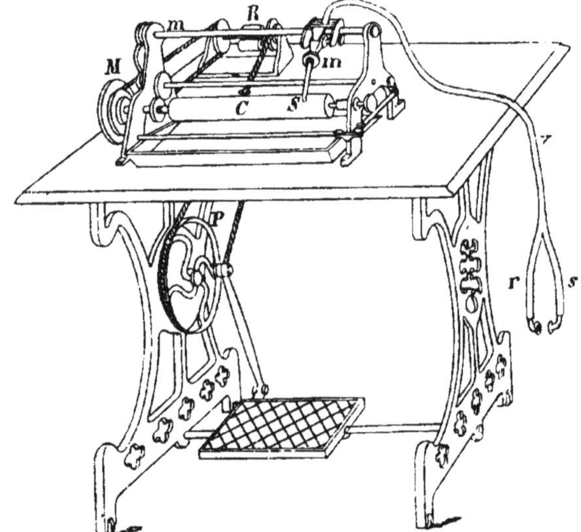

Fig. 23. — Graphophone.

manière d'étendre le corps gras sur le papier ; on prendra toutes les précautions pour éviter les bulles et les impuretés ; en grand, on se sert des machines employées par les photographes pour collodionner ou albuminer.

Le papier ciré est découpé en bandes d'égales lar-

---

(1) L'ozokérite, appelée *ozocérite*, *cire minérale*, *paraffine fossile*, est une matière cireuse ressemblant beaucoup à la paraffine ; elle fond entre 55 et 60° C. A Sloboda Rungarska, près de Koloméa, dans la Gallicie autrichienne, on trouve de la cire minérale fondant à 80° C. L'ozokérite purifiée prend le nom de *cérésine* ; c'est cette dernière matière que l'on emploie ici.

geurs et enroulé, à joints recouverts, sur un mandrin de
diamètre et de longueur déterminés. Lorsque le cylindre
a l'épaisseur désirable, on unit sa surface en le passant,
toujours fixé sur le mandrin, dans un moule parfaitement lisse et cylindrique, chauffé à la température de
100° centigrades, jusqu'à ce que la cire présente un
aspect mat et uniforme. Le cylindre subit ensuite un
polissage en le faisant passer au travers d'une filière
d'acier, chauffée à une température déterminée, au moyen
d'une couronne à gaz.

Le cylindre terminé A (fig. 24) est enfilé sur deux
manchons a et b, dont l'un, a. est fixe et l'autre, b, mobile,

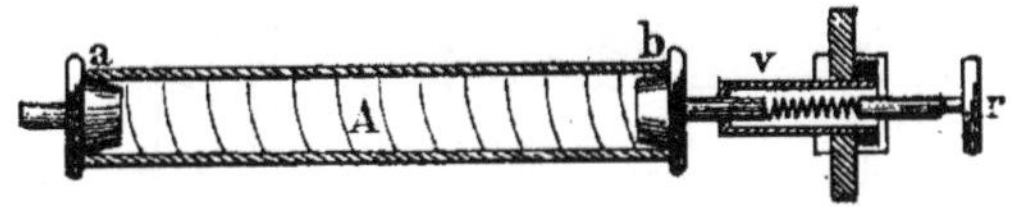

Fig. 24. — Cylindre du graphophone.

au moyen d'une vis v, qui permet de le retirer ou de le
placer facilement.

Le cylindre, ou phonogramme, est mis en action par
un système moteur de la plus grande simplicité, puisqu'il n'est autre que celui d'une machine à coudre,
comme le montre clairement la figure 23. La partie
originale est le régulateur R (fig. 23), auquel la poulie P
transmet le mouvement.

Le régulateur est à force centrifuge. La figure 25 le
montre en détail. En temps normal, la poulie b, folle sur
son axe et commandée par la pédale, entraine la poulie c dont la courroie mène le phonogramme, par le
frottement de son disque a sur le disque e, calé à rainure et languette sur l'arbre de e, et appuyé sur a par
le ressort f. Les disques a et e sont garnis de cuir. Dès
que la vitesse s'accélère, les masses b, b, articulées aux

extrémités du bras *g*, ramènent vers la gauche, par leurs leviers *i, i* et leur manchon *k*, le disque *e*, qui cesse aussitôt de transmettre à *c* le mouvement de *a*. Il est facile de maintenir, avec ce régulateur, la vitesse normale de 160 tours à 2 0/0 près.

Du régulateur, le mouvement est transmis à une série de roues M dont la dernière actionne la vis horizontale *m*, laquelle sert à déplacer les opérateurs comme dans le phonographe Edison.

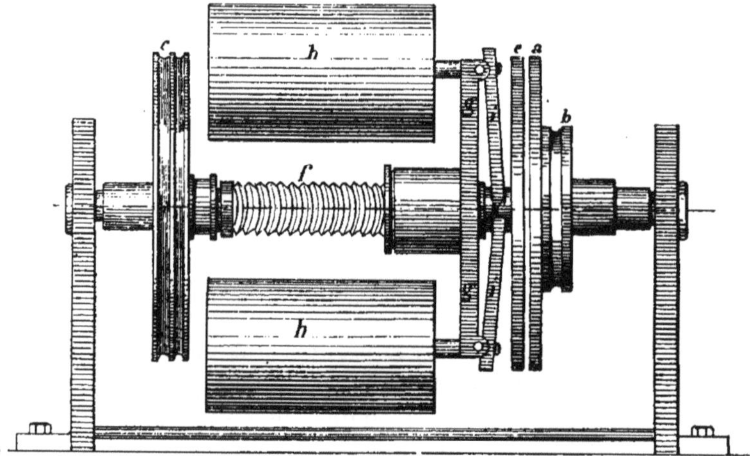

Fig. 25. — Régulateur du graphophone.

Le *récepteur* est formé par une large membrane de mica *a* (fig. 26), serrée sur sa garniture *b*, à l'aide de deux anneaux flexibles *c*, emprisonnant le diaphragme par une circonférence de contact presque linéaire et continue, devant une plaque *d*, percée de trous *e, e* destinés à répartir uniformément les sons émis dans le tuyau acoustique *f* et le pavillon *g* et défléchis par le cône central *h*. Cette disposition a pour but d'augmenter et de régulariser les effets des ondes sonores sur la mem-

brane, et permet d'obtenir d'excellents résultats en parlant, sans hausser la voix, devant le pavillon *g*.

La membrane porte une pointe *l*, ayant la forme indi-
quée figure 27, qui trace un sillon d'un millième de
pouce (0,025 mm.) sur le cylindre phonographique *m*.
En avant de ce style, le bâti *k*, de la membrane, porte
deux bras *o, o*, arc-boutés sur des charnières *p, p* et pour-
vus, en leur milieu, d'une plane *q* qui tourne le cylindre

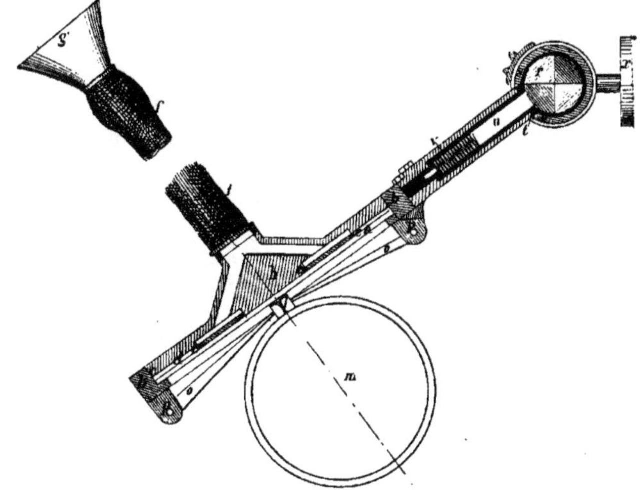

Fig. 26. — Récepteur du graphophone.

phonographique et lui donne une surface parfaitement
lisse et cylindrique au passage du style. Une vis permet
de rapprocher plus ou moins le tranchant de cette plane
de la surface du phonogramme.

Ce récepteur est monté sur la gaine de la vis *m* (fig.
23) ou *r* (fig. 26) par une charnière *ss*, percée en *t* d'une
ouverture dans laquelle passe un peigne *u*, appuyé par
un ressort *v* sur la vis *r*, avec laquelle il fait écrou au
travers d'une fente ménagée à cet effet dans l'enveloppe

de la vis *r* (fig. 26) ou *m* (fig. 23). Le pas de la vis est de 0.15 mm.

Le récepteur est équilibré par le contre-poids *x*, qui ferme en même temps sa charnière (1).

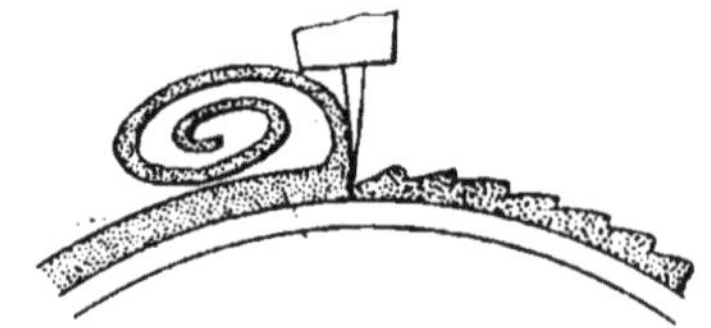

Fig. 27. — Tracé de la pointe sur le cylindre.

Le *parleur* est constitué d'une manière très originale et fort ingénieuse, comme le représente la figure 28.

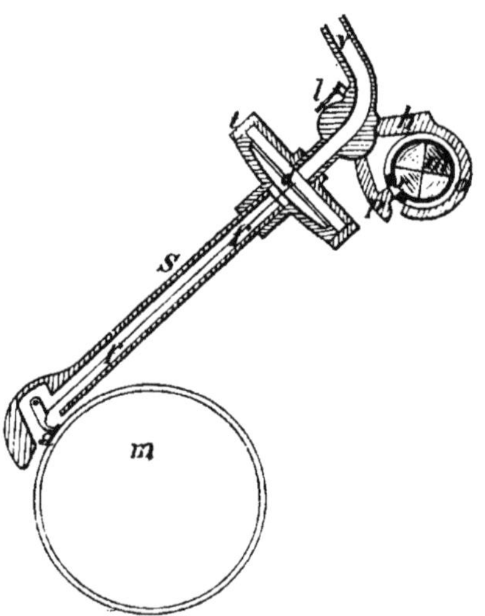

Fig. 28. — Parleur du graphophone.

Une tige creuse S, en ébonite, renferme une légère pointe d'acier *a*, qui constitue le style devant suivre les sillons

(1) *Engineering* du 24 septembre 1888. — *Lumière Electrique* du 25 mai 1889.

tracés sur le phonogramme *m* par le récepteur. Cette pointe a la forme d'un hameçon et se trouve logée à l'extrémité inférieure de la tige creuse ; elle est reliée, de l'autre côté, par un fil de soie *f f*, à un disque en mica, ou en celluloïd *d*, enfermé dans la boîte *t*. Cette disposition du style permet de suivre sans broutements les moindres détails du sillon et les mouvements qu'il subit sont reproduits avec une parfaite fidélité par la membrane *d*. Les vibrations de celle-ci arrivent aux oreilles de l'auditeur par le tube acoustique *v*, qui se bifurque en deux branches *r* et *s* (fig. 23), dont on introduit les deux cornets dans les oreilles.

La figure 23 montre comment le parleur est monté sur l'appareil et la figure 28 donne les détails de cette disposition. Il est monté sur la gaine de la vis *m* au moyen des griffes du chariot *h*. Les griffes *k* sont fixées à ce chariot, et les autres *p* sont mobiles et appuyées par des ressorts contre la vis *m*, portant l'écrou *x* qui mord sur cette vis.

Après cette description, il est facile de se rendre compte comment fonctionne l'appareil, surtout après les détails que nous avons donnés au sujet du phonographe. Les personnes qui ont entendu l'appareil, à l'Exposition de 1889, ont pu se convaincre de la perfection avec laquelle il reproduit la parole et le chant. Pour nous, nous n'avons trouvé aucune différence entre le phonographe et le graphophone ; les deux appareils répétaient identiquement les mêmes phrases qu'on leur confiait. Mais, pour la simplicité, le graphophone l'emporte sur le phonographe.

Le graphophone servira aux mêmes usages que le phonographe, et sa construction se poursuit, dans ce but, avec beaucoup d'ardeur, par la *North American Company*, de New-York.

Les phonogrammes du graphophone ne coûtent que

15 centimes pièce, et, en les enfermant dans une boite.
on peut les expédier par la poste au prix de 10 centimes.

M. John H. White, de Washington, a **apporté** des
améliorations au graphophone en faisant usage d'appareils construits par M. C.-V. Riley.

Le chariot est fixé, d'une façon permanente, sur le
tube qui contient la vis motrice, et est maintenu par
une tige conductrice. La machine porte des appareils
fixes de reproduction, mais des transmetteurs et reproducteurs de diverses formes peuvent aussi lui être aisément adaptés.

Si l'on désire reproduire distinctement les sons délicats, on parle dans un tuyau transmetteur ayant un stylet attaché à un petit diaphragme de mica, et l'on reproduit les paroles par un tuyau acoustique et une pointe
attachée à un petit diaphragme de baudruche ; la pointe
suit avec aisance chaque sinuosité du transmetteur. La
gravure du **transmetteur** peut être rendue plus douce
en humectant la cire avec de l'alcool. Un stylet plus
simple, attaché à un diaphragme en caoutchouc, donne
plus de force et convient mieux aux sons plus bas et
plus sonores. Pour les sons plus forts, qui doivent être
reproduits sans l'emploi de tubes adaptés aux oreilles,
on se sert d'un transmetteur avec plus grand diaphragme
de mica et d'un reproducteur avec un fort stylet, attaché
par une bande de caoutchouc à un diaphragme de mica
à peu près de la même grandeur et monté de telle façon
que les divers résonateurs soient facilement fixés ; l'ensemble est ajusté à volonté par des mouvements de
vis (1).

---

(1) **Comptes rendus** de l'Académie des Sciences du 17 juin 1889.

LE MICRO-GRAPHOPHONE

M. Gianni Bettini, lieutenant de la marine italienne, vient de perfectionner récemment les phonographes en leur permettant de reproduire les paroles exactement,

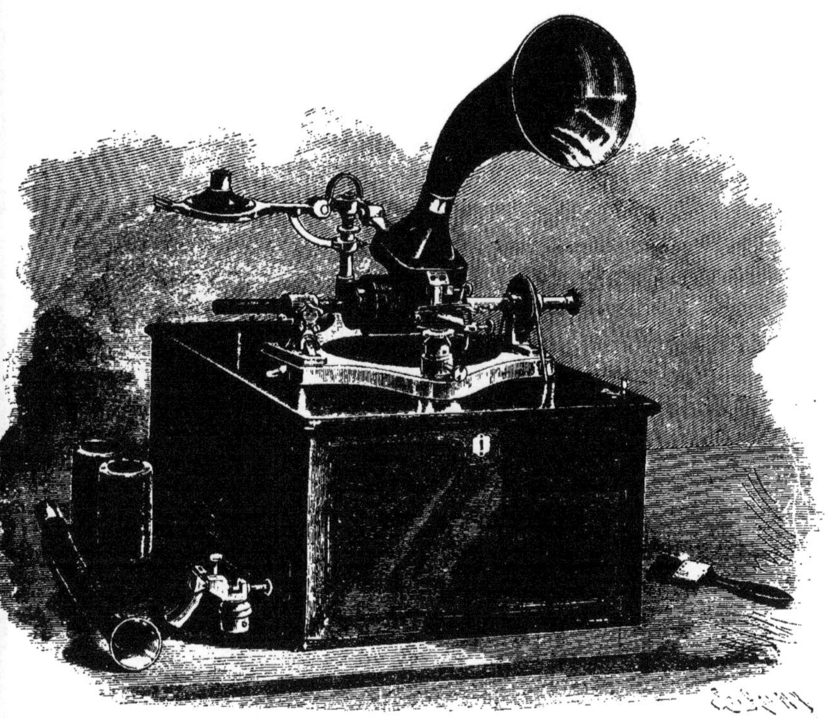

Fig. 29. — Micro-graphophone de Bettini.

avec la même amplitude avec laquelle elles ont été émises, et surtout en enlevant la *voix de polichinelle* que possédaient encore quelque peu les derniers appareils perfectionnés.

Nous en donnerons la description d'après l'*Electrical*

World et le *Scientific American*. L'appareil a reçu le
nom de micro-graphophone et ne diffère pas, dans l'ensemble, des phonographes ou graphophones connus. Une
boîte A (fig. 29) renferme un moteur électrique analogue
à celui que nous avons représenté figures 7 et 8. Celui-ci
met en action l'axe a, au moyen de la poulie b; cet axe fileté
se déplace suivant sa longueur en traversant l'écrou c.

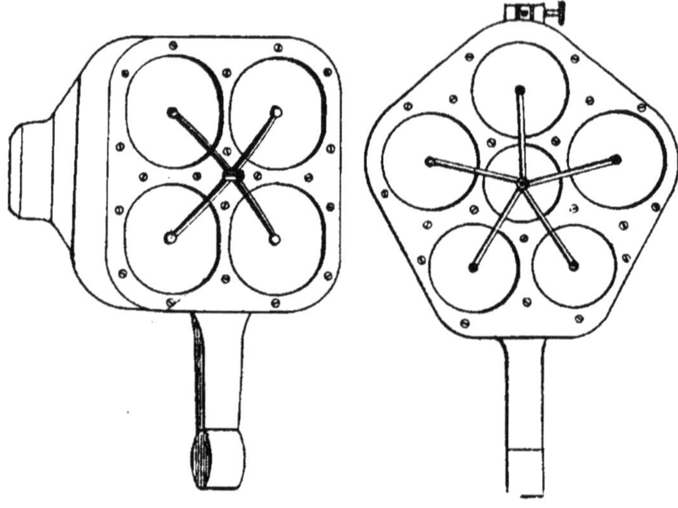

Fig. 30.   Fig. 31.

Diaphragmes de M. Bettini.

Il porte un cylindre de cire B, sur lequel un stylet enre-
gistre les paroles et les sons. Ce cylindre, agissant ensuite sur un autre stylet, fait reproduire, par une membrane vibrante, ce qui lui a été confié.

Les diaphragmes, destinés à vibrer sous l'influence de
la parole et à agir sur le stylet, ou à recevoir son action,
ont été complètement modifiés, et c'est sur ce point que
portent les travaux de l'officier italien.

On sait que toute tige, toute membrane, toute colonne

d'air vibrantes présentent des points, ventres et nœuds,
où d'une part les ondes sont plus accentuées et où,
d'autre part, elles sont nulles; quand il s'agit d'une
membrane circulaire tendue sur un anneau, les mouvements qui s'y produisent sont d'un ordre assez complexe.
En attachant un style au centre d'une membrane de ce
genre, on ne recueille que les vibrations du centre, et

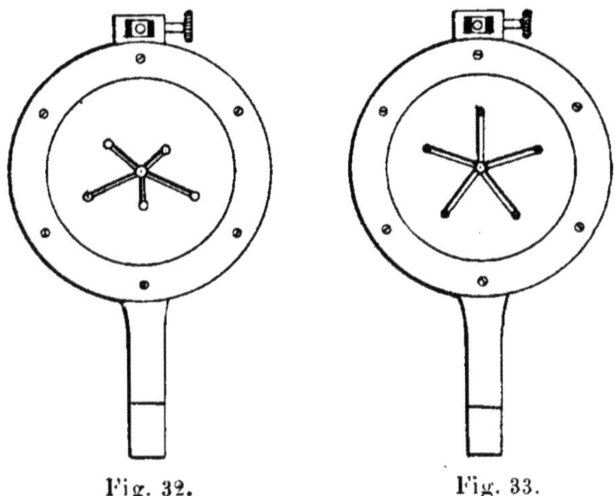

Fig. 32.   Fig. 33.
Diaphragmes de M. Bettini.

celles-ci, en outre, sont influencées par les ondes de
retour des autres points mis en mouvement.

Pour échapper à cet inconvénient, M. Bettini a eu la
pensée d'employer des diaphragmes de très petits diamètres dans lesquels les premières vibrations n'ont pour
ainsi dire pas à subir les influences de celles provenant
d'une seconde zone active. Mais comme une pareille
membrane n'aurait que des vibrations d'une force insuf-
fisante pour agir efficacement sur le style, il en a multi-
plié le nombre (fig. 30), et le style est relié à l'ensemble

par une griffe, une araignée, dont les pattes vont aboutir au centre de chacune d'elles. Par cet artifice, on obtient des effets plus puissants et une reproduction bien plus exacte, qui conserve le timbre des sons émis.

Il a eu l'idée d'établir un diaphragme multiple (fig. 31), dans lequel les membranes, de dimensions différentes, sont réglées pour reproduire chacune l'un des tons de la voix humaine. Elles sont reliées, comme les précédentes, à un style unique par une griffe rigide. On pouvait craindre que cette griffe, animée de mouvements oscillatoires, ne donnât pas au style la succession de poussées dans le sens de l'axe nécessaires à l'enregistrement sur le cylindre, que les mêmes causes n'empêchassent ainsi la reproduction intelligible du phonogramme inscrit. L'expérience a prouvé que les prévisions du lieutenant Bettini se sont réalisées. Non seulement l'enregistrement est parfait, mais la reproduction donne le timbre exact, et est assez puissante pour qu'on puisse l'entendre dans toute une pièce assez vaste sans s'approcher de l'embouchure.

L'inventeur a imaginé d'autres dispositions. Ainsi, dans la figure 32, le diaphragme ne se compose que d'une seule membrane sur laquelle on a posé une griffe dont les pattes s'appuient aux endroits où les vibrations ont la plus grande amplitude. Dans une membrane circulaire, où les vibrations se propagent concentriquement jusqu'au bord, on devait prendre ces points sur une circonférence tracée du centre de la membrane.

Dans la figure 33, nous représentons un diaphragme sur lequel on a choisi les différentes zones vibrantes, séparées par les nœuds, et chacune de ces zones reçoit le pied de l'une des pattes de la griffe qui porte le style.

Toutes ces dispositions donnent d'excellents résultats, mais doivent être employées, de préférence, suivant les cas, c'est-à-dire si l'on veut enregistrer de la parole, du chant ou de l'harmonie.

Quel que soit l'avenir réservé à l'emploi du phonographe par les nouvelles dispositions des membranes étudiées par M. G. Bettini, la pensée de n'employer que les vibrations utiles en se débarrassant des autres, nous paraît ingénieuse ; elle offre un nouveau champ aux recherches des inventeurs (1).

____

(1) *Cosmos*, 24 mai 1890.

CHAPITRE V

Le grammophone.

Le grammophone est un phonographe de l'invention
de M. Berliner, de Washington. Il a cela de particulier,
qu'il est d'une construction et d'un maniement extrêmement simples. C'est une modification heureuse du phonautographe de M. Léon Scott.

L'appareil primitif, après de nombreuses améliorations,
est devenu un instrument qui commence à se répandre
en Allemagne. Nous allons donner la description du dernier modèle, d'après une intéressante conférence, faite
à Genève, par M. Glitsch, et reproduite par le *Bulletin
de la classe d'industrie et de commerce.*

Le grammophone comprend deux appareils : 1° l'enregistreur et 2° le reproducteur. Seul, ce dernier est en
vente. En effet, au lieu de répandre dans le commerce
l'appareil enregistreur, l'inventeur se propose d'établir,
peu à peu, dans les différentes localités, des stations
pour l'enregistrement de la voix, où l'on ira se faire
grammophoner, exactement comme on va chez le photographe se faire photographier. Une demi-heure après
l'opération, les clients peuvent emporter leurs produc-
tions oratoires ou musicales, gravées sur une rondelle
de zinc. Il suffit, ensuite, de placer cette rondelle sur
un appareil reproducteur, pour entendre celui-ci répéter,
autant de fois qu'on le désire, les discours ou les chants.

L'enregistreur (fig. 34) est formé d'un bassin circulaire horizontal A, pouvant être animé d'un mouvement de rotation autour d'un axe vertical, à l'aide de la manivelle B. Au fond de ce bassin, on fixe, en la centrant exactement, une rondelle en zinc absolument plane, de 125 millimètres de diamètre, sur laquelle on verse une solution de 35 grammes de cire dans un demi-litre de benzine. La benzine s'évapore, laissant sur le zinc une couche de cire extrêmement mince.

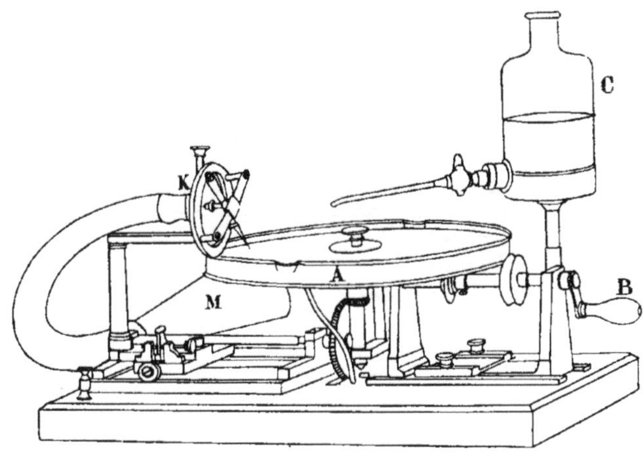

Fig. 34. — Enregistreur du grammophone.

Dans une boîte métallique, placée à l'extrémité de l'embouchure M, se trouve la membrane en mica K. Le style inscrivant, en iridium, est supporté par une lame métallique élastique, placée parallèlement à la membrane ; cette sorte de plume est placée de telle façon qu'elle ne touche que très légèrement la surface de la rondelle. Pour empêcher que, après un tour de la rondelle, le style ne repasse sur le sillon qu'il a déjà tracé dans la cire, un pas de vis fait avancer lentement le style jusque vers le milieu. De cette façon, le style décrit, sur la rondelle, non plus un cercle, mais une spirale qui peut atteindre une longueur de plusieurs centaines de mètres. Pour empêcher les poussières de l'atmosphère de s'agglomérer à la pointe de la plume, ce qui occasionnerait des traits irréguliers, on laisse couler goutte à goutte sur la rondelle, pendant toute l'opération, de l'alcool contenu dans le flacon à robinet C. Une fois l'appareil en rotation normale, on parle, on chante de-

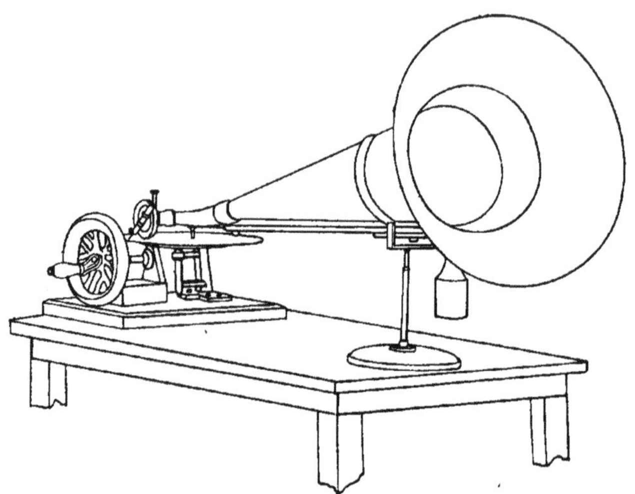

Fig. 35. — Reproducteur du grammophone.

vant l'embouchure M, et la plume trace un sillon sinueux dans la cire.

L'opération finie, la rondelle est enlevée du centre du bassin ; on la lave à l'eau, puis on la place dans une cuvette contenant une solution de 50 grammes d'acide chromique à 75 0/0 dans un demi-litre d'eau. L'acide mord le métal, partout où la cire a été enlevée par le style. On l'y laisse de 5 à 30 minutes, suivant la profondeur des traits que l'on veut obtenir. Après un nouveau lavage à l'eau, la rondelle est prête pour la reproduction.

L'appareil reproducteur est représenté figure 35. Il ressemble à l'enregistreur, avec cette différence que le bassin circulaire n'étant plus nécessaire, la rondelle est fixée directement sur l'arbre vertical. L'appareil est pourvu d'un cornet acoustique ou d'un pavillon de trompette, et comme les inscriptions de la rondelle sont en spirale, le porte-pavillon repose sur un tourillon qui lui permet un mouvement horizontal. La pointe du style récepteur est en acier ou en iridium ; ces dernières sont plus chères, mais plus durables. La rainure des rondelles, en se polissant par l'usage, donne des sons toujours plus nets.

On voit que, tandis que les inscriptions du phonographe se font sur une matière résistante, capable de diminuer notablement la sensibilité de la membrane de l'enregistreur, la couche de cire infiniment mince de la rondelle du grammophone offre une résistance si faible que le trait laissé par la pointe est presque invisible et ne se renforce qu'après le traitement à l'acide. Par contre, les plaques, servant à la reproduction, étant en métal, sont d'un usage à peu près infini, tandis que les cylindres de cire du phonographe sont très délicats au toucher et ne supportent pas une élévation de température.

Les rondelles du grammophone peuvent se reproduire par la galvanoplastie, et chaque nouvel exemplaire, ainsi obtenu, rend exactement les mêmes sons que l'original. De plus, on peut employer directement ces rondelles comme clichés pour l'imprimerie typographique, ce qui permet, comme le dit pittoresquement M. Glitsch, *d'expédier, comme imprimés, la voix de quelqu'un ;* le destinataire, qui a reçu cette image imprimée, peut obtenir, par la photogravure, un nouveau cliché en zinc pouvant être aussi bien utilisé pour la reproduction de la parole qu'une rondelle originale. On peut même faire, par ce procédé, des *agrandissements*, c'est-à-dire obtenir une inscription identique, mais de plus grandes dimensions, qui produit un renforcement des sons.

« En résumé, l'inventeur du grammophone s'est proposé d'en faire un instrument qui soit à l'oreille ce que la photographie est à l'œil. La rondelle originale représente le cliché du photographe, et les reproductions de cette rondelle à tant d'exemplaires, c'est la traditionnelle « douzaine » que livre cet artiste à ses clients. Une collection de ces rondelles, capables de rendre fidèlement et à perpétuité le son de la voix de personnes

Fig. 36. — Principe de la téléphonographie.

aimées, c'est la contre-partie, le complément, désormais indispensable, de l'album de photographies.

» Nous ne mentionnerons qu'en passant les nombreux usages qu'entrevoit pour son invention l'ingénieux M. Berliner. L'étude des langues étrangères sans maître sera grandement facilitée aux élèves qui achèteront, avec leur grammaire, la boîte de rondelles donnant la prononciation correcte. Mêmes avantages s'offriront aux personnes désireuses d'apprendre le chant et de perfectionner leur diction. Les discours d'hommes célèbres sur rondelles grammophoniques se débiteront comme se vendent aujourd'hui leurs portraits. Le contenu des testaments sera révélé aux héritiers par la voix même du testateur.

» Le répertoire des rondelles grammophoniques, mises dans le commerce, comprend environ 600 numéros donnant un choix des airs les plus variés, chants nationaux, romances, morceaux de diction en huit langues différentes, danses et musique instrumentale ; ces rondelles, qui sont en caoutchouc vulcanisé, coûtent 1 fr. 75 la pièce. Quant au prix de l'appareil reproducteur, il est de 50 francs, y compris les accessoires et trois rondelles du répertoire au choix (1). »

(1) *Bulletin de la classe d'industrie et de commerce, de Genève* (1892).

CHAPITRE VI

La téléphonographie.

La téléphonographie (du grec *télé*, loin; *phôné*, voix, et *graphô*, j'écris) est un ensemble d'appareils qui permet de transmettre et d'écrire la voix au loin. C'est une combinaison du téléphone et du phonographe. On parle devant un phonographe A (fig. 36) ; ce phonographe répète les paroles devant un téléphone B, qui les transporte à l'endroit voulu; là, le récepteur D parle devant un phonographe E. Les paroles s'inscrivent, comme si l'on avait parlé devant, et le phonographe les reproduira quand on le désirera et autant de fois qu'on le voudra. Voilà le principe de la téléphonographie. Dans le téléphone, ce sont deux personnes qui se parlent; dans le téléphonographe, ce sont deux machines, deux phonographes qui conversent, dont l'un inscrit tout ce que lui confie l'autre.

Dans un article publié par un nouveau journal américain, *The Phonogram*, M. Edison rappelle qu'il y a déjà une dizaine d'années, il avait songé à combiner le phonographe avec le téléphone, en vue de substituer aux communications verbales et éphémères des inscriptions permanentes et authentiques.

Au mois de février 1889, à une conférence de M. Hammer sur Edison et ses inventions, faite devant le *Franklin Institute* de Philadelphie, des paroles prononcées et des airs chantés à New-York ont été parfaitement entendus à Philadelphie , c'est-à-dire à une distance

de 165 kilomètres, au moyen du téléphonographe.
C'est merveilleux. Nous reviendrons plus loin sur les
dispositions employées dans cette mémorable expérience.
Avant, nous devons dire quelques mots de la téléphonie
à grande distance, qui est un point des plus importants
dans la téléphonographie.

Au début de l'exploitation des téléphones, on n'avait
guère songé à mettre en communication que les habi-
tants d'une même ville. Mais, à la suite de nouveaux
progrès, on a pensé à réunir téléphoniquement deux
villes voisines. M. Van Rysselberghe, électricien belge,
est l'inventeur de la téléphonie à grande distance. Le
premier service à grande distance a été établi entre
Bruxelles et Anvers (44 kil.). On se demandait, au début, si l'on pourrait dépasser une distance de 50 kilomètres. Des expériences furent faites sur la ligne télégraphique de New-York à Chicago : elles ont été
couronnées de succès.

La distance entre ces deux villes est de 1625 kilomètres. Le fil qui les reliait avait une âme en acier de
3 millimètres, recouverte de 1 millimètre 1/2 de cuivre.
« La voix, dit l'ingénieur Steward, installé à Chicago,
me parvint avec une telle intensité de son, une telle
clarté, que, malgré moi, je me retournai pour voir si l'on
ne parlait pas à mes côtés. » M. Van Rysselberghe, qui
dirigeait ces expériences, garantit le succès à la distance
double de 3250 kilomètres. Ce n'est qu'une affaire de
conductibilité du fil, et l'électricien belge ajoute : « Avec
un fil de diamètre convenable, je garantirais le succès
à toute distance, fût-ce celle de Paris à Pékin. »

Le succès de cette entreprise a beaucoup hâté le dé-
veloppement des lignes interurbaines à grande distance.
Le premier essai date du mois de mai 1881 et eut lieu
entre Paris et Bruxelles (320 kil.) ; la première instal-

lation définitive fut inaugurée, le 23 octobre 1883, entre Amsterdam et Haarlem (204 kil.).

En France, la première ligne fut inaugurée le 2 janvier 1885, entre Rouen et le Havre (92 kil.). Il existe actuellement, en France, les lignes de Paris-Havre (228 kil.); Paris-Rouen (135 kil.); Paris-Reims (292 kil.); Paris-Lille (247 kil.); Paris-Marseille (900 kil.); Paris-Bourse-frontière belge (244 kil.); Rouen-Louviers (42 kil.); Paris-Londres (450 kil.).

En Angleterre, la ligne qui va de Londres à Newcastle mesure 450 kilomètres de longueur. En Amérique, la ligne qui relie New-York à Boston a 1000 kilomètres.

Plus récemment, on a établi les lignes suivantes : de Stockholm à Gothembourg (460 kilomètres); de Vienne à Budapest (262 kilomètres); de Montévidéo à Buenos-Ayres (312 kilomètres); de Koursk à Kharkof, longueur 250 kilomètres (234 verstes).

Des essais téléphoniques ont été faits entre Londres et Marseille, en raccordant la ligne Londres-Paris à celle de Paris-Marseille (1300 kil.). Ces essais ont complètement réussi. Dans son numéro du 22 avril 1891, le *Times* rapporte que des communications téléphoniques, venant de Bruxelles et de Marseille, ont été très distinctement entendues à Londres. De Londres, on a très bien entendu le *Mage*, que l'on chantait à l'Opéra de Paris.

Il est donc bien établi que la téléphonie à grande distance est un fait absolument accompli. Par conséquent, la téléphonographie pourra s'exercer à ces mêmes distances, c'est-à-dire que l'on pourra faire inscrire et répéter sa parole à une distance de 2000 à 3000 kilomètres.

On peut dire qu'une ligne téléphonique aérienne peut être établie théoriquement pour une distance quelconque, à la condition que sa résistance soit suffisamment faible. Il est nécessaire de donner aux fils de même nature une section d'autant plus grande que la distance est plus considérable. D'après les résultats acquis, M. Van Rysselberghe est d'avis qu'on peut correspondre, d'une manière commercialement suffisante, avec des fils de $2^{mm},1$ à une distance de 500 kilomètres ; avec des fils de $2^{mm},7$ à une distance de 914 kilomètres ; avec des fils de 5^{mm} à une distance de 1625 kilomètres.

Le cuivre, parmi tous les métaux employés, est celui qui exige la plus faible section pour une longueur et une résistance données ; mais sa résistance est bien plus faible que celle du fer, du bronze phosphoreux ou du bronze siliceux. Il exige, par conséquent, des supports bien plus rapprochés que les conducteurs en fer ou en bronze, ce qui amène une grande dépense dans la ligne téléphonique ainsi établie. C'est pourquoi, lorsque les distances le permettent, on emploie encore le fer ou le bronze. Nous croyons que le bronze siliceux est celui qui remplit le mieux toutes les conditions exigées pour le fonctionnement parfait d'une ligne téléphonique. Le tableau suivant donne la résistance à la rupture, la conductibilité et le poids par kilomètre des principaux conducteurs employés :

CONDUCTEURS	Résistance à la rupture en kg. par mm^2.	Conductibilité. Cuivre pur = 100.	Poids par kil. par mm^2 de section et en kg.
Cuivre électrolytique..	27	98	9
Fer....................	50	16.5	7.8
Bronze phosphoreux..	90	30	6.6
— siliceux a....	45	97	6.6
— — b....	57	85	6.6
— — c....	85	43	
— — d....	110	21	6.6

Par l'inspection de ce tableau, on voit que le bronze siliceux a est aussi conducteur que le cuivre, aussi résistant que le fer, et pèse moins que le cuivre et le fer pour une longueur donnée. On voit également que l'on n'augmente la résistance de ce même bronze qu'au détriment de sa conductibilité.

Le fer doit être banni de toute transmission téléphonique, parce que les courants ondulatoires, transmis par les appareils, produisent, dans le fer, des phénomènes de self-induction qui retardent la propagation du courant, dans le conducteur, et détruisent la netteté de l'audition.

L'installation des lignes aériennes ne présente aucune difficulté technique ; il suffit :

1° De maintenir la résistance de la ligne dans de justes limites en employant des conducteurs appropriés : le cuivre ou le bronze siliceux par exemple ;

2° D'employer un fil pour l'aller et un fil pour le retour, afin de supprimer toute communication avec la terre, et éviter ainsi les effets du courant terrestre ;

3° De bien isoler les conducteurs, dans le même but que ci-dessus ;

4° De disposer les conducteurs de façon à annuler les effets d'induction que produisent, dans les lignes téléphoniques, les lignes télégraphiques ou d'autres lignes téléphoniques placées dans leur voisinage, en croisant les fils, c'est-à-dire en déplaçant les fils à chaque poteau, de manière que chacun d'eux occupe successivement, dans l'intervalle des quatre poteaux, les quatre coins du carré (1).

On emploie généralement le système Van Rysselberghe, permettant de transmettre simultanément les dépêches téléphoniques et télégraphiques.

---

(1) *Annales industrielles*, février 1890.

Si la transmission aérienne de la voix n'offre aucune difficulté, il n'en est pas de même de la transmission sous-marine, et, jusqu'à l'année dernière, on la croyait impossible. C'est que, dans les lignes sous-marines, il se produit des condensations électriques qui retardent et faussent l'effet des courants. On est obligé, pour la télégraphie sous-marine, d'avoir recours à des dispositions spéciales et à des appareils très sensibles pour parer le plus possible aux effets de cette condensation (1). Mais, en télégraphie, l'intensité du courant est sensiblement la même et les émissions se font à des intervalles relativement espacés, tandis qu'en téléphonie les émissions de courant se font avec une grande rapidité et avec des intensités variant dans des limites très étendues. Il s'agit, par conséquent, non pas de produire des signaux semblables à l'aide d'un même courant émis à certains intervalles, mais de produire des vibrations innombrables à l'aide de courants dont la succession, la durée et l'intensité varient à l'infini.

Des expériences ont été faites par M. W. H. Preece, électricien du Post-Office, sur les câbles téléphoniques qui relient Douvres et Paris, Holyhead et Dublin, South-Wales à Wexford. Voici les conditions dans lesquelles doivent être établies les lignes sous-marines téléphoniques :

1° Le circuit doit être entièrement métallique (fil d'aller et fil de retour) ;

2° Le conducteur doit être en cuivre ;

3° Le produit de la résistance R, du conducteur, par sa capacité C, ne doit pas dépasser une certaine valeur.

Voici ce que M. Preece a établi au sujet de la valeur de ce produit :

---

(1) Voir *Traité de télégraphie sous-marine*, par Wunschendorff.

Pour $C \times R = 15000$ la transmission est impossible.
— $C \times R = 12500$ —   possible,
— $C \times R = 10000$ —   bonne,
— $C \times R = 7500$ —   très bonne,
— $C \times R = 5000$ —   excellente,
— $C \times R = 2500$ et moins —   aussi parfaite que possible.

La capacité est donnée par l'équation :

$$C = \frac{K \times s}{d}$$

dans laquelle :

K = capacité spécifique de l'isolant,
d = son épaisseur,
s = l'aire des surfaces métalliques en opposition.

Voici la capacité inductive spécifique K de divers isolants :

Air	1
Résine	1,77
Poix	1,80
Cire jaune	1,86
Verre	1,90
Soufre	1,93
Gomme laque	1,95
Paraffine	1,98
Caoutchouc pur	2,80
Composition Hooper	3,10
Composition Smith	3.40
Gutta-percha	4,20
Mica	5

Voici la résistance de quelques conducteurs :

	Résistance spécifique en microhms — centimètr.	Résistance de 1 m. pesant 1 g. — ohms.	Résistance de 100 m. de 1 m/m de diam. — ohms	Accroissement de résistance par degré centigr. —
Cuivre recuit...	1,584	0,1445	2,017	0,00388
— écroui ..	1,621	0,1443	2,063	
Fer recuit.	9,636	0,7518	12,270	0,00630

Un conducteur en bronze siliceux de 4 m/m de diamètre (type de la ligne Paris-Marseille) a une résistance de 1,08 ohms par kilomètre.

La première ligne téléphonique, avec une partie sous-marine, est celle qui existe entre Montévidéo et Buenos-Ayres. Cette ligne a une longueur totale de 312 kilomètres, se décomposant ainsi : 155 kil. de ligne aérienne entre Montévidéo et Colonia, 45 kil. de ligne sous-marine dans le Rio-de-Colonia, à Punta-Lara, et 112 kil. de ligne aérienne entre Punta-Lara et Buenos-Ayres, par Ensenada et la Plata.

La partie aérienne de cette ligne est formée par deux conducteurs en bronze de 6 millimètres de diamètre (28 mm. de section).

La partie sous-marine est formée par deux câbles, dont le conducteur est constitué par un toron de 7 fils de cuivre de 1 millimètre de diamètre, donnant une section de 5,5 mm². Cette âme est entourée de 3 couches de caoutchouc de 2,5 millimètres, puis d'un matelas de chanvre goudronné sur lequel est enroulée une armature de 12 fils de fer galvanisés, de 6 millimètres de diamètre, recouverte elle-même d'une enveloppe de filin bitumé appliqué, en deux couches enroulées en sens inverse. Ce câble pèse 3500 kg. par kilomètre; le poids de l'âme de cuivre ne représente que 49 kg. La résistance du câble est de 3,3 ohms, sa capacité 0,2 microfarad et sa résistance d'isolement de 700 mégohms par kilomètre.

En appliquant la formule de Preece, on arrive au produit de $C \times R = 11\,070$ pour cette ligne qui se rapproche d'une bonne transmission.

Nous indiquerons d'abord les effets obtenus par M. Mercadier, qui a fait des expériences de téléphonographie, mais pas tout à fait dans l'acception même du mot. Dans son système, c'est un phonographe qui cause à une personne placée à l'extrémité de la ligne téléphonique. Les expériences ont eu lieu, au mois de septembre 1888, avec un ancien phonographe d'Edison, à feuille d'étain.

La monture de la membrane fut modifiée, de façon à pouvoir substituer simplement au cornet acoustique, qui sert à parler sur la membrane, soit un téléphone, soit un microphone.

Pour le téléphone, la monture du phonographe est taraudée intérieurement et celle du téléphone extérieurement : on enlève le diaphragme de celui-ci, on le visse dans la monture du phonographe, jusqu'à ce qu'on vienne buter dans un arrêt, disposé de façon que les pôles de l'aimant du téléphone soient à une très petite distance de la membrane en fer du phonographe, qui peut servir de diaphragme téléphonique.

Pour le microphone, il suffit de prendre un disque de sapin sur lequel sont montés, à la manière ordinaire, trois ou quatre cylindres de charbon, et de l'ajuster dans la monture du phonographe, de façon que les charbons soient à une petite distance de la membrane de l'appareil. Il est bon de garnir de feutre ou de caoutchouc les bords du microphone, pour que les vibrations des parois se communiquent, le moins possible, aux charbons, et que celles de l'air seules agissent sur eux. Il va sans dire que l'emploi du microphone exige celui de la pile et de la bobine d'induction ordinaires.

Pour faire les expériences, on commence par visser, sur la monture du phonographe, le cornet acoustique, et l'on inscrit sur la feuille d'étain des sons ou des paroles prononcées avec une grande énergie et une grande netteté, comme cela est malheureusement nécessaire pour obtenir des résultats avec cet instrument. Puis, on remplace le cornet, soit par le téléphone, soit par le microphone, comme on vient de l'indiquer, en plaçant dans le circuit, ainsi qu'on le fait d'habitude dans les transmissions téléphoniques et microphoniques, deux téléphones servant de récepteurs.

Dans ces conditions, en faisant passer le style du phonographe sur les traces imprimées d'abord sur la feuille d'étain, les vibrations du style, et par suite de la membrane, produisent, dans le téléphone transmetteur, des effets ordinaires, et il en est de même dans le microphone, par suite de la transmission des vibrations de la membrane à l'air qui entoure les charbons et aux charbons eux-mêmes.

Dans les deux cas, on entend, dans les téléphones récepteurs, les sons émis ou les paroles prononcées d'abord dans le phonographe.

Cette reproduction, malgré les transformations d'énergie intermédiaires et les pertes qui en résultent nécessairement, est très nette, au moins en tant que *reproduction;* car elle conserve, naturellement, les défauts inhérents au phonographe, savoir : articulations émoussées, prédominance de certaines voyelles, altération du timbre se traduisant par un nasillement peu agréable.

Cependant, à cause même de la diminution d'intensité

des effets, ce dernier inconvénient est aussi notablement diminué.

« L'introduction de grandes résistances dans le circuit, dit M. Mercadier, ne change pas notablement l'*intensité* des effets reçus ; mais on améliorerait beaucoup la *qualité* en se servant des phonographes perfectionnés : c'est avec l'un d'eux que ces expériences, faites au mois d'octobre 1888, seront continuées sur une longue ligne télégraphique. »

Nous avons dit, qu'au commencement de l'année 1889, M. Edison avait obtenu d'excellents résultats entre New-York et Philadelphie. Nous allons décrire les dispositions qui ont été employées dans cette expérience.

La figure 37 montre le schéma de l'installation.

On parle devant le pavillon du téléphone A : les sons sont gravés sur la cire de son cylindre. On ramène les opérateurs en arrière, on fait tourner le cylindre ; le phonographe émet les mêmes sons devant un transmetteur à charbon d'Edison C. Les vibrations de la plaque de ce transmetteur produisent un courant d'intensité variable dans un circuit primaire local m, constitué par la pile D, le transmetteur et le circuit primaire de la bobine d'induction E. La bobine d'induction transforme le courant ondulatoire local, de grande intensité, mais de faible force électromotrice, en un courant ondulatoire de faible intensité, mais de grande force électromotrice. Ce courant franchit la distance de New-York à Philadelphie (165 kil.) au moyen des deux fils K, en cuivre ou en bronze phosphoreux ou siliceux. Il faut absolument deux fils, dont un de retour, et que ces fils se croisent pour éviter les effets d'induction électrique et *la friture* (1).

____

(1) Un fil de cuivre de 2,057 m/m de diamètre pèse 30 kg. au kilomètre et possède une conductibilité moyenne de 95 0/0.

La ligne Paris-Marseille (900 kil.) est construite en bronze sili-

Le courant arrive à un *électro-motographe* L d'Edison dont nous donnerons la description plus loin : il se produit des vibrations synchroniques de la plaque à laquelle il est relié. Un second phonographe M recueille ces vibrations, les inscrit sur son cylindre de cire, et les émet à volonté. Lorsque ce second phonographe répète, il se produit des vibrations sonores qui agissent sur un transmetteur à charbon d'Edison P, dont la vibration de la plaque produit un courant ondulatoire dans le circuit local *h*, composé de la pile O, du transmetteur et du circuit primaire de la bobine d'induction R. Ce courant ondulatoire en produit un autre, de plus haute tension, dans le circuit en communication avec le second électromotographe S. La plaque de ce dernier fait vibrer l'air et arrive aux personnes, réunies dans une salle, par le cornet acoustique T. On peut avoir des auditions privées, en supprimant ce dernier.

Après 22 transformations, la voix arrive à 165 kilomètres de distance, aussi nette qu'au point de départ et sans aucune modification.

Nous allons décrire l'*électro-motographe* d'Edison qui joue un rôle important dans le téléphonographe perfectionné, tel que nous venons de le décrire.

Le principe sur lequel il est fondé, dit M. du Moncel, est celui-ci : si une feuille de papier, ou une surface poreuse quelconque, préparée avec une solution d'hydrate de potasse, est appliquée sur une plaque métallique, réunie au pôle positif d'une pile, et qu'une pointe de plomb ou de platine, reliée au pôle négatif, soit promenée sur le papier, le frottement que cette pointe rencontre cesse dès que le courant passe, et elle peut dès lors

---

ceux de 4 millimètres et demi de diamètre, qui pèse 146 kilogrammes par kilomètre et a une résistance de 1,08 ohm par kilomètre.

glisser comme sur une glace jusqu'à ce que le courant soit interrompu. Or, comme cette réaction peut être effectuée instantanément sous l'influence de courants excessivement faibles, les effets mécaniques produits par ces alternatives d'arrêt et de glissement peuvent,

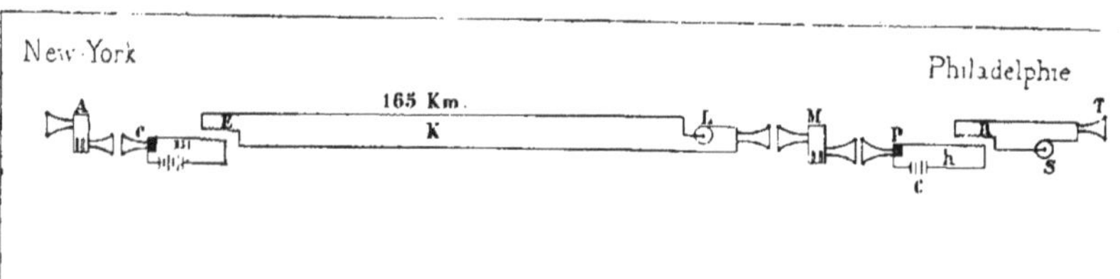

Fig. 37. — Expérience de téléphonographie entre New-York et Philadelphie.

par une disposition convenable de l'appareil, déterminer des vibrations en rapport avec les interruptions de courant, produites par le transmetteur.

La figure 38 montre l'appareil théorique.

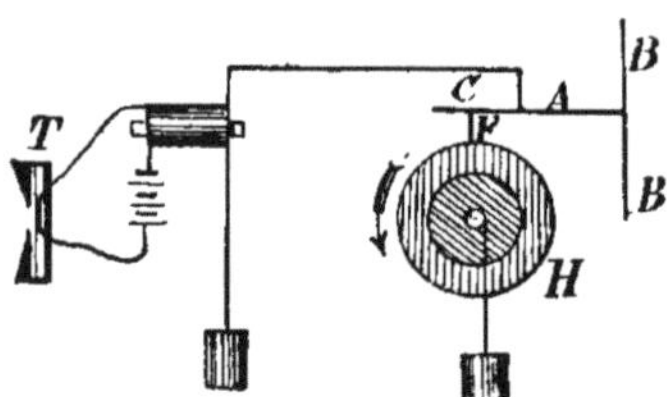

Fig. 38. — Electro-motographe.

« Dans ce système, la pièce métallique, destinée à reproduire les sons, est une lame de ressort A, adaptée à un diaphragme de mica BB qui appuie, par son extrémité libre c, munie d'un frotteur de platine F, sur un cylindre de chaux H, imprégné d'acétate de mercure et d'hydrate de potasse. Ce cylindre est légèrement humidifié et, lorsque le courant électrique passe, du ressort au cylindre de chaux interposé dans le circuit téléphonique, il se produit, au moment de ce passage, des affaiblissements de frictions qui, si le cylindre de chaux est animé d'un mouvement de rotation, se traduisent par des mouvements rétrogrades du ressort A, lesquels mouvements se trouvent être inverses de ceux produits, pendant l'inaction du courant, et sont en rapport avec l'intensité du courant transmis. Il en résulte que, si on parle dans le transmetteur téléphonique à charbon, placé en T, les variations d'intensité, résultant des vibrations déterminées par la parole, produiront des alternatives de frictions et de non-frictions sur le cylindre H, qui auront pour effet des mouvements d'entraînement et de recul du ressort A et, par suite, des vibrations du diaphragme BB qui reproduiront les vibrations transmises en A (1). »

Dans un récent perfectionnement, M. Edison, pour supprimer l'humidification constante du cylindre de chaux, emploie de la chaux solidifiée à une grande pression et imprégnée d'une solution d'*hydrogen disodic phosphate* (phosphate de soude hydrogéné).

Les applications de la téléphonographie se devinent d'elles-mêmes : ce sont celles de la téléphonie. Mais elle aura cet avantage que la dépêche téléphonographique s'inscrira d'elle-même, et celui qui l'aura reçue aura tout le temps de la lire à loisir et de la faire répéter tant qu'il le désirera, soit pour l'inscrire, l'imprimer ou y répondre. L'auditeur n'a nullement besoin d'être présent lors de la réception du phonogramme. L'émetteur n'est pas non plus tenu d'attendre que la ligne soit libre ou que l'auditeur soit disposé ou non occupé ; il dictera sa communication au phonographe, et

---

(1) Du Moncel, *Le téléphone*, Paris, 1882.

celui-ci, en employé fidèle et patient, répétera le message qu'on lui a confié.

Supposons un reporter parisien voulant téléphonographier de Marseille à son journal une nouvelle à sensation. un événement politique grave, etc.; il dictera sa communication au phonographe, si celui-ci ne l'a déjà pas fait au fur et à mesure, depuis le prologue jusqu'au dénouement; il le mettra en place devant le récepteur, expédiera en peu de temps et à bon marché cinq à six colonnes du journal. A l'arrivée, le phonographe sera transporté dans une salle où des secrétaires transcriront la dépêche téléphonographique, sous la dictée lente et précise de l'appareil, et au fur et à mesure la copie sera donnée au prote qui la distribuera aux compositeurs.

On voit donc tous les avantages que l'on pourra retirer de la téléphonographie.

Nous ne sommes pas encore au bout des surprises que nous réserve l'électricité.

Librairie BERNARD TIGNOL, 53 bis, quai des Grands-Augustins, Paris.

38e année.

LA SCIENCE POUR TOUS

REVUE HEBDOMADAIRE ILLUSTRÉE

Prix de l'abonnement : Paris : 7 fr. — Province : 8 fr. — Étranger : 9 fr.50.

Prix du numéro : 15 centimes.

Directeur-gérant : BERNARD TIGNOL.

La *Science pour tous* est destinée à la vulgarisation des grandes découvertes scientifiques qui viennent augmenter, tous les jours, les conquêtes de l'esprit humain. Elle a pour mission de mettre à la portée de tous, en les dégageant des formules mathématiques ou des théories souvent difficiles à comprendre, les côtés pratiques et éminemment utiles de toutes les questions qui peuvent servir à l'instruction et au bien-être de nos contemporains. Malgré le prix modique de cette revue, l'administration est prête à faire les plus grands sacrifices pour joindre au texte de belles gravures, qui aide ront à l'intelligence des articles qui seront traités.

Notre champ est aussi vaste que varié, puisqu'il embrasse toutes les branches de la science que l'esprit peut concevoir. C'est pourquoi nous faisons appel au zèle éclairé de tous nos collaborateurs et lecteurs pour nous aider dans la lourde tâche que nous nous efforcerons de mener à bien.

Chaque année de la *Science pour tous* formera un beau volume in-4, de 416 pages, orné d'un grand nombre de gravures, la plupart inédites, qui résumera l'histoire des progrès que la science accomplit, au fur et à mesure de son évolution.

BIBLIOTHÈQUE DES ACTUALITÉS INDUSTRIELLES

Acier. — Historique, fabrication, emploi; par L. Campredou, ingénieur aux forges de Fourchambault. 53 fig. dans le texte, 5 planches, dont 3 en couleurs. 6 fr. »

Accumulateurs. — Leur emploi dans les installations d'éclairage électrique, par D. Salomon. Édition française par P. Clémenceau, ingénieur-électricien. 20 figures. 3 fr. »

Aide-mémoire de l'ingénieur-électricien. — Recueil de formules, tables et renseignements pratiques à l'usage des électriciens, par Duché, Marinowitch, Meylan et Szarvady, ingénieurs-électriciens (Nouvelle édition, augmentée par P. Juppont.), cartonné. 6 fr. »

Aluminium. — Ses procédés de fabrication et ses alliages, par Ad. Minet ingénieur-électricien, avec nombreuses figures dans le texte, 1892. 4 fr. 50

Amidon et fécule. — Par J. Fritsch, ingénieur ; avec 110 fig. dans le texte, 1892. 6 fr. »

Alcools — Manuel pratique de la fabrication des alcools ; alcools de vin, de cidre, de poiré, de betteraves, de mélasses, etc... par E. Robinet. 32 fig.. 1890. 5 fr. »

Bière. — Manuel pratique de la fabrication de la bière, par P. Boulin. 1 fort volume in-16, 17 fig. dans le texte et une grande planche (plan de l'usine de Tantonville), 1890. 9 fr. »

Briquetier et chaufournier. — Guide du briquetier et du chaufournier par E. Lejeune :
Première partie : Briques, tuiles, céramique, 275 figures. 8 fr. »
Deuxième partie : Chaux, ciments, mortier hydraulique, 56 fig. 5 fr. »

Carnet de l'ingénieur. — Recueil de tables, de formules et de renseignements usuels et pratiques : Chimie, physique, mécanique, machines à vapeur, hydraulique, construction, résistance, frottements, etc., à l'usage des ingénieurs, des constructeurs, des architectes, des chefs d'usine, des mécaniciens, des directeurs et conducteurs de travaux, des agents-voyers, des manufacturiers et des industriels ; par une réunion d'ingénieurs et de savants français et étrangers (**Carnet Lacroix**). 1 vol. in-18 rel. toile, format de poche ; environ 500 pages, petit texte compact, avec nombreuses figures, accompagné de plusieurs feuilles de papier quadrillé, de renseignements utiles, etc... Nouvelle édition. 5 fr. »

Chaleur. — Leçons élémentaires par J. Clerk Maxwell. Traduction de G. Mouret, avec préface de M. L. Potier, professeur à l'École Polytechnique. 6 fr. »

Chemin de fer glissant de Girard et Barre, par Max de Nansouty ; 12 fig. et une planche. 1 fr. 50

Corps gras : huiles, graisses, cires, pétroles, etc... par A. M. Villon, 23 figures. 6 fr. »

Distillateur. — Guide pratique du distillateur ; fabrication de toutes les liqueurs, par Ed. Robinet. 4 fr. »

Dorure, argenture, cuivrage, nickelage, galvanoplastie ; manuel pratique, avec 55 figures. 4 fr. »

Drainage des terres arables. — Manuel pratique, par A. Larbalétrier ; 29 figures. 4 fr. »

Eaux. — Manuel pratique d'analyse micrographique des eaux, par P. Fabre-Domergue ; 10 figures. 1 fr. 50

Électrolyse et électrométallurgie, par Japing ; 46 figures. 4 fr. »

Éclairage électrique dans les appartements, par P. Fournier et P. Juppont ; 14 figures. 1 fr. 50

Filets de pêche. — Fabrication et emploi : éperviers, verveux, échiquiers, etc ..; par L. Vannetelle. 65 fig. dans le texte et une photographie, 1891. 3 fr. »

Glace. — Les machines à glace et les applications industrielles du froid, par R. Lezé, 40 figures. 4 fr. •

Horlogerie électrique, par A. Tobler. Édition française, revue et augmentée par L. de Belfort de la Roque. 65 figures dans le texte. 3 fr. •

Lampes électriques et leurs accessoires, par d'Urbanitsky, 96 figures. 4 fr. •

Lumière électrique — Manuel pratique d'installation par J. P. Anney :
Première partie : installations privées, 135 figures. 5 fr. »
Deuxième partie : stations centrales, 99 figures et 10 planches. 7 fr. »

Machines dynamo-électriques, depuis leur origine jusqu'aux derniers types industriels, par P. Clemenceau, 116 figures. 5 fr. •

Matières colorantes organiques artificielles, par Jules Mamy (Notions générales sur les). 1 fr. 5•

Meunerie. — Manuel pratique ; meules et cylindres par L. de Belfort de la Roque et A. Larbalétrier ; avec 58 figures dans le texte. 6 fr. •

Navigation sous-marine, par A. M. Villon ; 11 figures 1 fr. 50

Ouvrier monteur électricien (Manuel de). — Par M. J. Laffargue, ingénieu-électricien ; 165 figures. Cartonné. 5 fr. 50

Parfumeur. — Guide du parfumeur, par W. Askinson ; 30 fig. 6 fr. »

Photographe (Guide pratique de l'amateur), par P. Fabre Domergue, 2e édition, 48 figures et un instantané. 3 fr. »

Photographie au charbon mise à la portée de tous, par A. Liébert, avec spécimens. 3 fr. •

Piles électriques et thermo-électriques, par W. Hauck. 2e édition, 80 figures. 5 fr. •

Résistance des matériaux, mise à la portée de toutes les personnes qui s'occupent de la construction, par L. Courtin ; 4e édition. 5 fr. •

Savonnier (Guide pratique du) par G. Calmels ; 26 figures. 5 fr. »

Sonneries électriques; installation et entretien, par G. Fournier, 2e édition ; 51 figures. 2 fr. 50

Sucre (Guide du fabricant de). — Sucre de betteraves, de cannes, etc... par P. Boulin ; 30 figures. 6 fr. •

Soie. — Éducation, filage, moulinage, blanchiment, teinture, par A. M. Villon ; 67 figures. 6 fr. •

Télégraphie optique. — Cryptographie, éclairage à la guerre, poste par pigeons. par MM. de Nansouty, Mamy, Juppont et Richou ; 57 figures dans le texte. 4 fr. »

Téléphone, microphone, radiophone, par Schwartze ; 119 fig. 4 fr. •

Téléphonie industrielle (Traité de), par W. Wietlisbach ; 121 figures. 5 fr. »

Terminologie électrique. — Vocabulaire français, anglais, allemand des termes électriques, par G. Fournier. 1 fr. 50

Tour Eiffel de 300 mètres ; historique et description par M. de Nansouty ; 32 figures et 3 planches. 2 fc. 50

Transport de la force par l'électricité et ses applications. par M. Japing, avec notes et supplément, par M. Marcel Deprez, membre de l'Institut. 2e édition, 50 figures. 5 fr. »

Vins (Manuel général des), par Édouard Robinet :
Première partie : Vins rouges, blancs, raisins secs ; 40 figures. 5 fr. •
Deuxième partie : Vins mousseux ; 55 figures. 5 fr. »
Troisième partie : Analyse des vins, fermentation, alcoolisation, falsifications. 5 fr. •